U0822231

国家基本职业培训包（指南包　课程包）

茶艺师

（试行）

人力资源社会保障部职业能力建设司编制

中国劳动社会保障出版社

图书在版编目（CIP）数据

茶艺师：试行 / 人力资源社会保障部职业能力建设司编制. -- 北京：中国劳动社会保障出版社，2020

国家基本职业培训包：指南包 课程包

ISBN 978 – 7 – 5167 – 4359 – 1

Ⅰ.①茶… Ⅱ.①人… Ⅲ.①茶艺-中国-职业培训-教学参考资料 Ⅳ.①TS971.21

中国版本图书馆 CIP 数据核字（2020）第 033261 号

中国劳动社会保障出版社出版发行

（北京市惠新东街 1 号 邮政编码：100029）

*

北京市艺辉印刷有限公司印刷装订 新华书店经销

880 毫米 ×1230 毫米 16 开本 7.75 印张 135 千字

2020 年 4 月第 1 版 2020 年 4 月第 1 次印刷

定价：25.00 元

读者服务部电话：（010）64929211/84209101/64921644

营销中心电话：（010）64962347

出版社网址：http://www.class.com.cn

编 制 说 明

为贯彻落实《中华人民共和国国民经济和社会发展第十三个五年规划纲要》提出的“实行国家基本职业培训包制度”的要求，大力推行终身职业技能培训制度，推进实施职业技能提升行动，按照《人力资源社会保障部办公厅关于推进职业培训包工作的通知》(人社厅发〔2016〕162号)的工作安排，“十三五”期间，组织开发培训需求量大的100个左右国家基本职业培训包，指导开发100个左右地方(行业)特色职业培训包，到“十三五”末，力争全面建立国家基本职业培训包制度，普遍应用职业培训包开展各类职业培训。

职业培训包开发工作是新时期职业培训领域的一项重要基础性工作，旨在形成以综合职业能力培养为核心、以技能水平评价为导向，实现职业培训全过程管理的职业技能培训体系，这对于进一步提高培训质量，加强职业培训规范化、科学化管理，促进职业培训与就业需求的有效衔接，推行终身职业培训制度具有积极的作用。

国家基本职业培训包是集培养目标、培训要求、培训内容、课程规范、考核大纲、教学资源等为一体的职业培训资源总和，是职业培训机构对劳动者开展政府补贴职业培训服务的工作规范和指南。国家基本职业培训包由指南包、课程包和资源包三个子包构成，三个子包各含有相应培训内容与教学资源。

在征求各地培训需求的基础上，经调研论证，人力资源社会保障部组织有关行业专家编制了首批中式烹调师等10个职业(工种)的国家基本职业培训包(指南包　课程包)，并于2017年10月印发施行。

在首批中式烹调师等10个职业（工种）国家基本职业培训包编制的基础上，2018年11月，人力资源社会保障部继续组织有关行业专家开展第二批电工等15个职业（工种）的国家基本职业培训包（指南包　课程包）的编制工作。

此次编制的电工等15个职业（工种）的国家基本职业培训包遵循《职业培训包开发技术规程（试行）》的要求，依据国家职业技能标准和企业岗位技术规范，结合新经济、新产业、新职业发展编制，力求客观反映现阶段本职业（工种）的技术水平、对从业人员的要求和职业培训教学规律。

《国家基本职业培训包（指南包　课程包）——茶艺师（试行）》是在各有关专家的共同努力下完成的。参加编审的主要人员有：郑春英、梁海珠、秦蓓、李靖、索扬、杨凤霞、李忻，在编制过程中得到了北京市外事学校、海南省海口旅游职业学校、桂林旅游学院等有关单位的大力支持，在此一并致谢。

目录

1 指南包

1.1 职业培训包使用指南 …………………………………………………… 002

1.1.1 职业培训包结构和内容 ………………………………………… 002

1.1.2 培训课程体系介绍 ……………………………………………… 003

1.1.3 培训课程选择指导 ……………………………………………… 010

1.1.4 各类资源使用说明 ……………………………………………… 011

1.2 职业指南 ………………………………………………………………… 011

1.2.1 职业描述 ………………………………………………………… 011

1.2.2 职业培训对象 …………………………………………………… 011

1.2.3 就业前景 ………………………………………………………… 011

1.3 培训机构设置指南 …………………………………………………… 011

1.3.1 师资配备要求 …………………………………………………… 011

1.3.2 培训场所设备配置要求 ………………………………………… 012

1.3.3 教学资料配备要求 ……………………………………………… 013

1.3.4 管理人员配备要求 ……………………………………………… 013

1.3.5 管理制度要求 …………………………………………………… 014

2 课 程 包

2.1 培训要求 ······016
2.1.1 职业基本素质培训要求 ······016
2.1.2 五级 / 初级职业技能培训要求 ······017
2.1.3 四级 / 中级职业技能培训要求 ······020
2.1.4 三级 / 高级职业技能培训要求 ······022
2.1.5 二级 / 技师职业技能培训要求 ······025
2.1.6 一级 / 高级技师职业技能培训要求 ······027
2.2 课程规范 ······029
2.2.1 职业基本素质培训课程规范 ······029
2.2.2 五级 / 初级职业技能培训课程规范 ······036
2.2.3 四级 / 中级职业技能培训课程规范 ······040
2.2.4 三级 / 高级职业技能培训课程规范 ······046
2.2.5 二级 / 技师职业技能培训课程规范 ······051
2.2.6 一级 / 高级技师职业技能培训课程规范 ······057
2.2.7 培训建议中培训方法说明 ······061
2.3 考核规范 ······063
2.3.1 职业基本素质培训考核规范 ······063
2.3.2 五级 / 初级职业技能培训理论知识考核规范 ······064
2.3.3 五级 / 初级职业技能培训操作技能考核规范 ······065
2.3.4 四级 / 中级职业技能培训理论知识考核规范 ······066
2.3.5 四级 / 中级职业技能培训操作技能考核规范 ······067
2.3.6 三级 / 高级职业技能培训理论知识考核规范 ······067
2.3.7 三级 / 高级职业技能培训操作技能考核规范 ······068
2.3.8 二级 / 技师职业技能培训理论知识考核规范 ······069
2.3.9 二级 / 技师职业技能培训操作技能考核规范 ······070
2.3.10 一级 / 高级技师职业技能培训理论知识考核规范 ······070
2.3.11 一级 / 高级技师职业技能培训操作技能考核规范 ······071

附录　培训要求与课程规范对照表

附录 1　职业基本素质培训要求与课程规范对照表 ……074

附录 2　五级 / 初级职业技能培训要求与课程规范对照表 ……080

附录 3　四级 / 中级职业技能培训要求与课程规范对照表 ……086

附录 4　三级 / 高级职业技能培训要求与课程规范对照表 ……093

附录 5　二级 / 技师职业技能培训要求与课程规范对照表 ……100

附录 6　一级 / 高级技师职业技能培训要求与课程规范对照表 ……107

1

指南包

1.1　职业培训包使用指南

1.1.1　职业培训包结构和内容

茶艺师职业培训包由指南包、课程包、资源包三个子包组成，结构如图 1 所示。

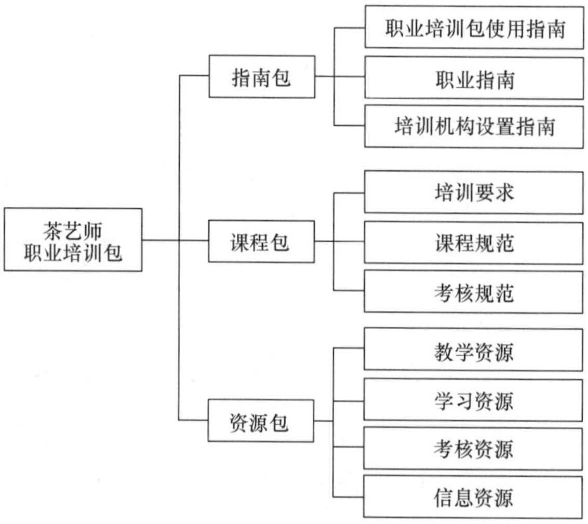

图 1　职业培训包结构图

指南包是指导培训机构、培训教师与学员开展职业培训的服务性内容总合，包括职业培训包使用指南、职业指南和培训机构设置指南。职业培训包使用指南是培训教师与学员了解职业培训包内容、选择培训课程、使用培训资源的说明性文本，职业指南是对职业信息的概述，培训机构设置指南是对培训机构开展职业培训提出的具体要求。

课程包是培训机构与教师实施职业培训、培训学员接受职业培训必须遵守的规范总合，包括培训要求、课程规范、考核规范。培训要求是参照国家职业技能标准、结合职业岗位工作实际需求制定的职业培训规范；课程规范是依据培训要求、结合职业培训教学规律，对课程设置、课堂学时、课程内容与培训方法等所做的统一规定；考核规范是针对课程规范中所规定的课程内容开发的，能够科学评价培训学员过程性学习效果与终结性培训成果的规则，是客观衡量培训学员职业基本素质与职员技能水平的标准，也是实施职业培训过程性与终结性考核的依据。

资源包是依据课程要求，基于培训学员特征，遵循职业培训教学规律，应用先进职业培训课程理念，开发的多媒介、多形式的职业培训与考核资源总合，包括教学资源、学习资源、考核资源和信息资源。教学资源是为培训教师组织实施职业培训教学活动提供的相关资源；学习资源是为培训学员学习职业培训课程提供的相关资源；考核资源是为培训机构和教师实施职业培训考核提供的相关资源；信息资源是为培训教师和学员拓展视野提供的体现科技进步、职业发展的相关动态资源。

1.1.2　培训课程体系介绍

茶艺师职业培训课程体系依据职业技能等级分为职业基本素质培训课程、五级 / 初级职业技能培训课程、四级 / 中级职业技能培训课程、三级 / 高级职业技能培训课程、二级 / 技师职业技能培训课程和一级 / 高级技师职业技能培训课程，每一类课程包含模块、课程和学习单元三个层次。茶艺师职业培训课程体系均源自本职业培训包课程包中的课程规范，以学习单元为基础，形成职业层次清晰、内容丰富的“培训课程超市”。

茶艺师职业培训课程学时分配一览表

职业技能等级	课堂学时		其他学时	培训总学时
	职业基本素质培训课程	职业技能培训课程		
五级 / 初级	40	80	130	250
四级 / 中级	30	80	90	200
三级 / 高级	20	90	70	180
二级 / 技师	10	70	70	150
一级 / 高级技师	0	60	40	100

注：课堂学时是指培训机构开展的理论课程教学及实操课程教学的建议最低学时数。除课堂学时外，培训总学时还应包括岗位实习、现场观摩、自学自练等其他学时。

（1）职业基本素质培训课程

模块	课程	学习单元	课堂学时
1. 职业认知与职业道德	1-1　职业认知	职业认知	2
	1-2　职业道德基本知识	道德与职业道德修养	2
	1-3　职业守则	职业守则	1

续表

模块	课程	学习单元	课堂学时
2. 茶文化基本知识	2–1　中国茶文化	中国茶文化	7
	2–2　外国茶文化	外国茶文化	2
3. 茶叶知识	3–1　茶树基本知识	茶树基本知识	1
	3–2　茶叶种类及鉴别	（1）茶叶种类	1
		（2）茶叶加工工艺及特点	2
		（3）中国名茶及其产地	1
		（4）茶叶品质鉴别	2
	3–3　茶叶储存与产销	茶叶储存与产销	1
4. 茶具知识	4–1　茶具的发展和种类	茶具的发展和种类	2
	4–2　各类茶具特色	各类茶具特色	3
5. 品茗用水知识	5–1　品茗与用水的关系	品茗与用水的关系	1
	5–2　品茗用水的分类与选择方法	品茗用水的分类与选择方法	1
6. 茶艺基本知识	茶艺基本知识	茶艺基本知识	2
7. 茶与健康及科学饮茶	7–1　茶与健康	茶与健康	1
	7–2　科学饮茶	科学饮茶	1
8. 食品与茶叶营养卫生	食品与茶叶营养卫生	（1）食品与茶叶卫生基础知识	1
		（2）饮食业食品卫生制度	1
9. 劳动安全基本知识	劳动安全基本知识	（1）安全生产	1
		（2）安全防护	1
		（3）安全生产事故报告	1
10. 相关法律法规知识	相关法律法规知识	相关法律法规知识	2
课堂学时合计			40

注：本表所列为五级 / 初级职业基本素质培训课程，其他等级职业基本素质培训课程按“茶艺师职业培训课程学时分配一览表”中相应的课堂学时要求进行必要的调整。

（2）五级 / 初级职业技能培训课程

模块	课程	学习单元	课堂学时
1. 接待准备	1–1　仪表准备	（1）仪容准备	3
		（2）仪态要求	2
		（3）服务语言及运用	1
	1–2　茶室准备	（1）茶室环境准备	3
		（2）茶具用品准备	2
		（3）茶室设备准备	1
		（4）消防安全准备	1
		（5）防毒安全准备	2
2. 茶艺服务	2–1　冲泡备器	（1）区分六大茶类	10
		（2）选取茶叶	2
		（3）选用冲泡器皿	10
		（4）选择和使用备水、烧水器具	2
	2–2　冲泡演示	（1）根据茶类确定投茶量和水量比例	4
		（2）根据茶叶类型选择冲泡水温和浸泡时间	4
		（3）选择茶具和冲泡方法	8
		（4）品饮方法	10
3. 茶间服务	3–1　茶饮推介	（1）运用交谈礼仪了解宾客需求	2
		（2）根据茶叶特性推荐茶饮	2
		（3）根据季节推荐茶饮	2
	3–2　商品销售	（1）记账、结账	1
		（2）茶叶的销售	2
		（3）普通茶具的销售	2
		（4）茶叶、茶具包装	2
		（5）售后服务	2
课堂学时合计			80

（3）四级 / 中级职业技能培训课程

模块	课程	学习单元	课堂学时
1. 接待准备	1-1　礼仪接待	（1）接待礼仪与技巧基本知识	2
		（2）根据地区特点进行礼仪接待	2
		（3）根据民族风俗进行礼仪接待	2
		（4）根据宗教信仰进行礼仪接待	1
		（5）根据宾客特点进行针对性接待	2
	1-2　茶室布置	（1）合理摆放器物	1
		（2）合理摆放装饰物品	2
		（3）合理陈列茶室商品	1
		（4）调配茶叶、器物	2
2. 茶艺服务	2-1　茶艺配置	（1）茶的识别	10
		（2）新茶、陈茶识别	4
		（3）茶叶品质和等级识别	10
		（4）鉴别常用茶具的品质	4
		（5）茶艺台的布置	6
	2-2　茶艺演示	（1）六大茶类冲泡	8
		（2）泡茶用水	2
		（3）调饮红茶	4
		（4）生活茶艺	2
3. 茶间服务	3-1　茶品推介	（1）根据茶叶搭配茶点	2
		（2）根据季节搭配茶点	1
		（3）根据成分推介茶叶	1
		（4）介绍水质对茶汤的影响	1
		（5）解答常见问题	1

续表

模块	课程	学习单元	课堂学时
3. 茶间服务	3-2　商品销售	（1）茶叶保存	1
		（2）销售名优茶和特殊茶	2
		（3）销售名家茶器、定制茶具	2
		（4）选配家庭茶室用品	2
		（5）选配茶室、茶庄的茶商品	2
课堂学时合计			80

（4）三级 / 高级职业技能培训课程

模块	课程	学习单元	课堂学时
1. 接待准备	1-1　礼仪接待	（1）不同国家接待礼仪	3
		（2）英语问候与沟通	4
		（3）特殊宾客接待	2
	1-2　茶事准备	（1）鉴别茶叶品质	3
		（2）鉴别高山茶、台地茶	2
		（3）识别常用瓷器茶具款式及质量	3
		（4）识别常用陶器茶具款式及质量	3
2. 茶艺服务	2-1　茶席设计	（1）根据题材设计茶席	2
		（2）根据茶品、茶具、铺垫物品等设计茶席	4
		（3）根据少数民族茶俗进行茶席设计	6
		（4）根据茶席设计进行茶器搭配	2
		（5）根据主题配置相关器物	4

续表

模块	课程	学习单元	课堂学时
2. 茶艺服务	2–2　茶艺演示	（1）茶艺演示台布置及插花、熏香、茶挂	8
		（2）茶艺演示的服饰	2
		（3）茶艺演示的音乐	2
		（4）茶艺演示内容	2
		（5）民俗茶艺及少数民族茶艺	8
		（6）茶艺演示组织及文化内涵阐述	10
3. 茶间服务	3–1　茶事推介	（1）茶叶传说、典故	4
		（2）茶叶的审评	2
		（3）介绍选购紫砂茶具技巧	2
		（4）介绍选购瓷器茶具技巧	2
		（5）介绍茶具养护知识	2
	3–2　营销服务	（1）根据市场调配茶叶、茶具	3
		（2）根据季节、节假日制订配备计划	2
		（3）初步设计和实施茶事展销活动	3
课堂学时合计			90

（5）二级 / 技师职业技能培训课程

模块	课程	学习单元	课堂学时
1. 茶艺馆创意	1–1　茶艺馆规划	（1）茶艺馆的选址	1
		（2）茶艺馆的定位	2
		（3）茶艺馆的布局	1
	1–2　茶艺馆布置	（1）茶艺馆布置	2
		（2）茶艺馆陈列柜与服务台的布置	2
		（3）茶艺馆品茗区的布置	2
2. 茶事活动	2–1　茶艺演示	（1）仿古茶艺演示	8
		（2）日本茶道演示	4
		（3）韩国茶礼演示	4
		（4）英式下午茶演示	2
		（5）茶艺专用外语的应用	4

续表

模块	课程	学习单元	课堂学时
2. 茶事活动	2–2　茶会组织	（1）中、小型茶会的策划	8
		（2）设计茶会的实施方案	6
		（3）准备、组织茶会	2
		（4）茶会的主持	2
3. 业务管理（茶事管理）	3–1　服务管理	（1）茶艺馆服务流程及服务规范	2
		（2）对低级别茶艺服务人员的指导	1
		（3）检查指导茶艺师的服务工作	1
		（4）茶艺馆服务管理方案	1
		（5）策划活动方案	1
		（6）对茶叶、茶具的质量检查	2
		（7）对茶艺馆安全的检查	2
		（8）宾客投诉的处理	2
	3–2　茶艺培训	（1）茶艺培训计划的编写与实施	2
		（2）茶艺人员的培训	2
		（3）茶艺演示队伍的组建	2
		（4）茶艺演示队伍的训练	2
课堂学时合计			70

（6）一级 / 高级技师职业技能培训课程

模块	课程	学习单元	课堂学时
1. 茶饮服务	1–1　品评服务	（1）茶饮的特点	2
		（2）茶饮的创新和设计	2
		（3）茶叶的审评	2
	1–2　茶健康服务	（1）茶健康知识	1
		（2）保健茶饮	1
		（3）茶养生知识	2
2. 茶事创作	2–1　茶艺编创	（1）茶艺编创相关知识	4
		（2）根据茶叶营销需要进行茶艺编创	4
		（3）美学知识的运用	4
		（4）解说词的编写	4

续表

模块	课程	学习单元	课堂学时
2. 茶事创作	2-2　茶会创新	（1）茶会的创意设计	4
		（2）大型茶会的组织	6
		（3）各国茶会的组织与介绍	4
3. 业务管理（茶事管理）	3-1　经营管理	（1）茶艺馆经营管理	2
		（2）茶艺馆的营销计划	1
		（3）茶艺馆的成本核算	1
		（4）茶艺馆的相关业务	2
		（5）茶艺馆的文创产品	2
		（6）茶艺馆的相关茶事活动	2
	3-2　人员培训	（1）茶艺培训	2
		（2）对技师的指导	2
		（3）茶艺馆全员的培训	2
		（4）茶艺馆培训总结	2
		（5）茶业调研报告、论文的撰写	2
课堂学时合计			60

1.1.3　培训课程选择指导

职业基本素质培训课程为必修课程，相当于本职业的入门课程。各级别职业技能培训课程由培训机构教师根据培训学员实际情况，遵循高级别涵盖低级别的原则进行选择。

原则上，初入职的培训学员应学习职业基本素质培训课程和初级职业技能培训课程的全部内容，有职业技能等级提升需求的培训学员，可按照国家职业技能标准的“鉴定要求”，对照自身需求选择更高等级的培训课程。

具有一定从业经验、无职业技能等级晋升要求的培训学员，可根据自身实际情况自主选择本职业培训课程。具体方法为：（1）选择课程模块；（2）在模块中筛选课程；（3）在课程中筛选学习单元；（4）组合成本次培训的整个课程。

培训教师可以根据以上方法对培训学员进行单独指导。对于订单培训，培训教师可以按照如上方法，对照订单要求进行培训课程的选择。

1.1.4 各类资源使用说明

（待各类资源开发完成后补充。）

1.2 职业指南

1.2.1 职业描述

茶艺师是在茶室、茶楼等场所，展示茶水冲泡流程和技巧，以及传播品茶知识的人员。

1.2.2 职业培训对象

茶艺师职业培训的主要对象包括：城乡未继续升学的应届初高中毕业生、农村转移就业劳动者、城镇登记失业人员、转岗转业人员、退役军人、茶室等场所在职职工和高校毕业生等各类有培训需求的人员。

1.2.3 就业前景

茶艺师的工作岗位有：茶室、茶楼和其他品茶、休闲场所的服务岗位，以及评茶、种茶、制茶、售茶等岗位。

1.3 培训机构设置指南

1.3.1 师资配备要求

（1）培训教师任职基本要求

1）培训五级 / 初级、四级 / 中级、三级 / 高级茶艺师的教师应具备本职业二级 / 技师职业资格证书、二级 / 技师技能等级认证或相关专业技术职务任职资格。

2）培训茶艺师二级 / 技师、一级 / 高级技师的教师应该具备本职业一级 / 高级技师职业资格证书、一级 / 高级技师技能等级认证或相关专业技术职务任职资格。

（2）培训教师数量要求（以 30 人培训班为基准）

1）理论课教师：1 人以上；培训规模超过 30 人的，按教师与学员之比不低于 1∶30 配备教师。

2）实习指导教师：1 人以上；培训规模超过 30 人的，按教师与学员之比不低于 1∶30 配备教师。

1.3.2 培训场所设备配置要求

培训场所设备配置如下（以 30 人培训班为基准）：

（1）理论知识培训场所设备配置要求：60 ~ 80 平方米标准教室，多媒体教学设备（计算机、投影仪、幕布或显示屏、网络接入设备、音响设备）、黑板、30 套以上桌椅，符合照明、通风、安全等相关规定。

（2）操作技能培训场所设备配置要求：实习工位充足，设备设施配套齐全，符合环保、劳保、安全、卫生、消防、通风和照明等相关规定及安全规程。五级 / 初级、四级 / 中级、三级 / 高级茶艺师培训应配置物品准备和茶艺服务两个操作场所或功能区；茶艺师二级 / 技师、一级 / 高级技师培训应配置物品准备和茶会举办服务两个操作场所或功能区。

实训用茶具及其他物品、材料等配置要求如下：

等级	茶具	用具	其他用品、材料
五级 / 初级	与茶桌数量配套的玻璃杯、品茗杯、盖碗、闻香杯、公道杯、水盂、紫砂壶、玻璃壶、瓷壶、铁壶等	1. 奉茶盘 30 个，双层茶盘 30 个、茶巾 30 块、茶道组 30 套 2. 煮水器 30 个 3. 消防灭火器、防毒面具	六大茶类茶叶样品若干，练习用茶叶按人数配备，以绿茶为主
四级 / 中级	与茶桌数量配套的玻璃杯、品茗杯、盖碗、闻香杯、公道杯、水盂、紫砂壶、玻璃壶、瓷壶、铁壶等	1. 奉茶盘 30 个，双层茶盘 30 个、茶巾 30 块、茶道组 30 套 2. 煮水器 30 个	六大茶类茶叶样品若干，练习用茶叶按人数配备，以绿茶、乌龙茶、红茶为主
三级 / 高级	1. 与茶桌数量配套的玻璃杯、品茗杯、盖碗、闻香杯、公道杯、水盂、紫砂壶、玻璃壶、瓷壶、铁壶等 2. 按人数比例配套审评杯碗 3. 特色茶具若干	1. 奉茶盘 30 个，双层茶盘 30 个、茶巾 30 块、茶道组 30 套 2. 煮水器 30 个 3. 桌布 30 块、桌旗 30 条	1. 六大茶类茶叶 2. 牛奶、糖、柠檬等 3. 花器 30 个、花材若干、花泥 30 块、剪刀 30 把 4. 香器、挂画等若干

续表

等级	茶具	用具	其他用品、材料
二级 / 技师	1. 与茶桌数量配套的玻璃杯、品茗杯、盖碗、闻香杯、公道杯、水盂、紫砂壶、玻璃壶、瓷壶、铁壶等 2. 按人数比例配套审评杯碗 3. 按人数比例配套仿古茶具 4. 按人数比例配套日式、韩式、英式茶具	1. 奉茶盘 30 个，双层茶盘 30 个、茶巾 30 块、茶道组 30 套 2. 煮水器 30 个 3. 桌布 30 块、桌旗 30 条 4. 其他配饰	1. 六大茶类茶叶 2. 牛奶、糖、柠檬、盐、茶粉、调味料等 3. 花器 30 个、花材若干、花泥 30 块、剪刀 30 把 4. 香器、挂画等若干 5. 茶会用品若干
一级 / 高级技师	1. 与茶桌数量配套的玻璃杯、品茗杯、盖碗、闻香杯、公道杯、水盂、紫砂壶、玻璃壶、瓷壶、铁壶等 2. 按人数比例配套审评杯碗 3. 按人数比例配套调饮茶具	1. 奉茶盘 30 个，双层茶盘 30 个、茶巾 30 块、茶道组 30 套 2. 煮水器 30 个 3. 桌布 30 块、桌旗 30 条 4. 摇盅 30 个、量杯 30 个、勺子 30 个、打泡机若干	1. 六大茶类茶叶 2. 牛奶、糖、水果、盐、茶粉、果酱、调味料等若干 3. 花器 30 个、花材若干、花泥 30 块、剪刀 30 把

1.3.3 教学资料配备要求

（1）培训规范：《茶艺师国家职业技能标准》《茶艺师职业基本素质培训要求》《茶艺师职业技能培训要求》《茶艺师职业基本素质培训课程规范》《茶艺师职业技能培训课程规范》《茶艺师职业基本素质培训考核规范》《茶艺师职业技能培训理论知识考核规范》《茶艺师职业技能培训操作技能考核规范》。

（2）教学资源、教材教辅、网络资源等内容必须符合“（1）培训规范”。

1.3.4 管理人员配备要求

（1）专职校长：1 人，应具有大专及以上文化程度，中级及以上专业技术职务任职资格，从事职业技术教育及教学管理 5 年以上，熟悉职业培训的有关法律法规。

（2）教学管理人员：1 人以上，专职不少于 1 人，应具有大专及以上文化程度、中级及以上专业技术职务任职资格，从事职业技术教育及教学管理 5 年以上，具有丰富的教学管理经验。

（3）办公室人员：1 人以上，应具有大专及以上文化程度。

（4）财务管理人员：2 人，应具有大专及以上文化程度。

1.3.5 管理制度要求

应建立健全完备的管理制度，包括办学章程与发展规划、教学管理、教师管理、学员管理、财务管理、设备管理等制度。

2

课程包

2.1 培训要求

2.1.1 职业基本素质培训要求

职业基本素质模块	培训内容	培训细目
1. 职业认知与职业道德	1-1 职业认知	（1）茶艺的概念 （2）茶艺师简介 （3）茶艺师的岗位职责
	1-2 职业道德基本知识	（1）道德修养 （2）职业道德修养
	1-3 职业守则	茶艺师职业守则
2. 茶文化基本知识	2-1 中国茶文化	（1）中国茶的源流 （2）唐代、宋代、明清、当代饮茶方法的演变 （3）中国茶文化精神 （4）中国饮茶风俗 （5）茶与非物质文化遗产
	2-2 外国茶文化	（1）茶的外传及影响 （2）外国饮茶风俗
3. 茶叶知识	3-1 茶树基本知识	（1）茶树的定义 （2）茶树的起源和演变 （3）茶树的形态特征 （4）茶树的生长环境与栽培
	3-2 茶叶种类及鉴别	（1）茶叶种类 （2）茶叶加工工艺及特点 （3）中国名茶及其产地 （4）茶叶品质鉴别知识
	3-3 茶叶储存与产销	（1）茶叶储存方法 （2）茶叶产销概况
4. 茶具知识	4-1 茶具的发展和种类	（1）茶具的历史演变 （2）瓷器茶具及产地 （3）陶器茶具及产地 （4）其他茶具及产地
	4-2 各类茶具特色	（1）瓷器茶具的特色 （2）陶器茶具的特色 （3）其他茶具的特色

续表

职业基本素质模块	培训内容	培训细目
5. 品茗用水知识	5-1　品茗与用水的关系	（1）水的软硬度与茶的关系 （2）水温与茶的关系
	5-2　品茗用水的分类与选择方法	（1）品茗用水的分类 （2）品茗用水的选择方法
6. 茶艺基本知识	茶艺基本知识	（1）品饮要义 （2）冲泡技巧 （3）茶点选配
7. 茶与健康及科学饮茶	7-1　茶与健康	（1）茶叶主要成分 （2）茶与健康的关系
	7-2　科学饮茶	（1）根据体质选茶 （2）根据季节饮茶 （3）饮茶禁忌
8. 食品与茶叶营养卫生	食品与茶叶营养卫生	（1）食品与茶叶卫生基础知识 （2）饮食业食品卫生制度
9. 劳动安全基本知识	劳动安全基本知识	（1）安全生产知识 （2）安全防护知识 （3）安全生产事故报告知识
10. 相关法律法规知识	相关法律法规知识	（1）《中华人民共和国劳动法》相关知识 （2）《中华人民共和国劳动合同法》相关知识 （3）《中华人民共和国食品安全法》相关知识 （4）《中华人民共和国消费者权益保护法》相关知识 （5）《公共场所卫生管理条例》相关知识

2.1.2　五级 / 初级职业技能培训要求

职业功能模块	培训内容	技能目标	培训细目
1. 接待准备	1-1　仪表准备	1-1-1　能按照茶事服务礼仪要求进行着装、佩戴饰物	（1）按照茶事服务礼仪要求规范着装 （2）按照茶事服务礼仪要求佩戴饰物
		1-1-2　能按照茶事服务礼仪要求修饰面部、手部	（1）按照茶事服务礼仪要求修饰面部 （2）按照茶事服务礼仪要求修饰手部
		1-1-3　能按照茶事服务礼仪要求修整发型、选择头饰	（1）按照茶事服务礼仪要求修整发型 （2）按照茶事服务礼仪要求选择头饰

续表

职业功能模块	培训内容	技能目标	培训细目
1. 接待准备	1-1 仪表准备	1-1-4 能按照茶事服务礼仪要求规范站姿、坐姿、走姿、蹲姿	（1）规范站姿 （2）规范坐姿 （3）规范走姿 （4）规范蹲姿
		1-1-5 能使用普通话与敬语迎宾	（1）正确使用普通话 （2）正确使用敬语迎宾
	1-2 茶室准备	1-2-1 能清洁茶室环境卫生	（1）茶室环境要求 （2）茶室卫生清洁规范
		1-2-2 能清洗消毒茶具	（1）茶具用品清洗 （2）茶具用品消毒
		1-2-3 能配合调控茶室内的灯光、音响等设备	（1）配合调控茶室内灯光 （2）配合调整茶室内音响
		1-2-4 能操作消防灭火器进行火灾扑救	操作消防灭火器
		1-2-5 能佩戴防毒面具并指导宾客使用	（1）佩戴防毒面具 （2）指导宾客使用防毒面具
2. 茶艺服务	2-1 冲泡备器	2-1-1 能根据茶叶基本特征区分六大茶类	（1）绿茶的特点与识别 （2）白茶的特点与识别 （3）黄茶的特点与识别 （4）青茶的特点与识别 （5）红茶的特点与识别 （6）黑茶的特点与识别
		2-1-2 能根据茶单选取茶叶	（1）掌握茶单基础知识 （2）根据茶单选择茶叶
		2-1-3 根据茶叶选用冲泡器皿	（1）选用泡茶、饮茶用具 （2）选用茶艺辅助用品
		2-1-4 能选择和使用备水、烧水器具	（1）选择和使用备水器具 （2）选择和使用烧水器具
	2-2 冲泡演示	2-2-1 能根据不同茶类确定投茶量和水量比例	（1）绿茶的投茶量和水量比例 （2）白茶的投茶量和水量比例 （3）黄茶的投茶量和水量比例 （4）青茶的投茶量和水量比例 （5）红茶的投茶量和水量比例 （6）黑茶的投茶量和水量比例

续表

职业功能模块	培训内容	技能目标	培训细目
2. 茶艺服务	2-2　冲泡演示	2-2-2　能根据茶叶类型选择适宜的水温泡茶，并确定浸泡时间	（1）绿茶的冲泡水温及浸泡时间 （2）白茶的冲泡水温及浸泡时间 （3）黄茶的冲泡水温及浸泡时间 （4）青茶的冲泡水温及浸泡时间 （5）红茶的冲泡水温及浸泡时间 （6）黑茶的冲泡水温及浸泡时间
		2-2-3　能使用玻璃杯、盖碗、紫砂壶冲泡茶叶	（1）使用玻璃杯冲泡茶叶 （2）使用盖碗冲泡茶叶 （3）使用紫砂壶冲泡茶叶
		2-2-4　能介绍所泡茶叶的品饮方法	掌握茶叶品饮基本知识
3. 茶间服务	3-1　茶饮推介	3-1-1　能运用交谈礼仪与宾客沟通，有效了解宾客需求	（1）运用交谈礼仪进行沟通 （2）了解宾客需求
		3-1-2　能根据茶叶特性推荐茶饮	（1）根据绿茶的特性为宾客推荐茶饮 （2）根据白茶的特性为宾客推荐茶饮 （3）根据黄茶的特性为宾客推荐茶饮 （4）根据青茶的特性为宾客推荐茶饮 （5）根据红茶的特性为宾客推荐茶饮 （6）根据黑茶的特性为宾客推荐茶饮
		3-1-3　能根据不同季节特点推荐茶饮	（1）春季推荐的茶饮 （2）夏季推荐的茶饮 （3）秋季推荐的茶饮 （4）冬季推荐的茶饮
	3-2　商品销售	3-2-1　能办理宾客消费的结账、记账	（1）办理消费结账 （2）办理消费记账
		3-2-2　能向宾客销售茶叶	根据茶叶的特点进行销售
		3-2-3　能向宾客销售普通茶具	（1）根据茶叶的特点销售普通茶具 （2）根据宾客所在地区销售普通茶具 （3）根据宾客喜好销售普通茶具 （4）根据茶具本身特点销售普通茶具

续表

职业功能模块	培训内容	技能目标	培训细目
3. 茶间服务	3-2　商品销售	3-2-4　能完成茶叶、茶具的包装	（1）茶叶的包装 （2）茶具的包装
		3-2-5　能承担售后服务	（1）茶叶的售后服务 （2）茶具的售后服务

2.1.3　四级 / 中级职业技能培训要求

职业功能模块	培训内容	技能目标	培训细目
1. 接待准备	1-1　礼仪接待	1-1-1　能按照茶事服务要求导位、迎宾	（1）按照茶事服务要求导位 （2）按照茶事服务要求迎宾
		1-1-2　能根据不同地区的宾客特点进行礼仪接待	根据不同地区特点进行礼仪接待
		1-1-3　能根据不同民族的风俗进行礼仪接待	根据不同民族风俗进行礼仪接待
		1-1-4　能根据不同宗教信仰进行礼仪接待	根据不同宗教信仰进行礼仪接待
		1-1-5　能根据宾客的性别、年龄特点进行有针对性的接待服务	（1）根据宾客的性别进行接待服务 （2）根据宾客年龄特点进行接待服务
	1-2　茶室布置	1-2-1　能根据茶室特点合理摆放器物	根据茶室特点合理摆放茶桌和茶具
		1-2-2　能合理摆放茶室装饰物品	合理摆放茶室装饰物品
		1-2-3　能合理陈列茶室商品	合理陈列茶室商品
		1-2-4　能根据宾客要求有针对性地调配茶叶、器物	根据宾客要求有针对性地调配茶叶、器物
2. 茶艺服务	2-1　茶艺配置	2-1-1　能识别六大茶类中的中国主要名茶	（1）绿茶中的中国主要名茶 （2）白茶中的中国主要名茶 （3）黄茶中的中国主要名茶 （4）青茶中的中国主要名茶 （5）红茶中的中国主要名茶 （6）黑茶中的中国主要名茶

续表

职业功能模块	培训内容	技能目标	培训细目
2. 茶艺服务	2-1　茶艺配置	2-1-2　能识别新茶、陈茶	（1）根据色泽识别新茶、陈茶 （2）根据香气识别新茶、陈茶 （3）根据滋味识别新茶、陈茶 （4）根据手感识别新茶、陈茶
		2-1-3　能根据茶样初步区分茶叶品质和等级高低	（1）根据色泽、香气、滋味、形状等区分茶叶类型 （2）运用评茶术语评定茶叶品质和等级
		2-1-4　能鉴别常用陶瓷、紫砂、玻璃茶具的品质	（1）陶器与瓷器茶具品质的鉴别方法 （2）紫砂茶具品质的鉴别方法 （3）玻璃及其他茶具品质的鉴别方法
		2-1-5　能根据茶艺馆需要布置茶艺工作台	（1）茶具与茶叶的配合 （2）茶具的摆放原则与摆放位置 （3）茶艺冲泡台茶席的布置
	2-2　茶艺演示	2-2-1　能根据茶艺要素的要求冲泡六大茶类	（1）六大茶类冲泡投茶量 （2）六大茶类冲泡水温 （3）六大茶类冲泡时间 （4）六大茶类冲泡注水方式
		2-2-2　能根据不同茶叶选择泡茶用水	（1）不同茶叶泡茶用水的种类 （2）不同茶叶泡茶用水的处理方式
		2-2-3　能制作调饮红茶	（1）制作冷饮调饮红茶 （2）制作热饮调饮红茶
		2-2-4　能展示生活茶艺	结合生活灵活展示茶艺
3. 茶间服务	3-1　茶品推介	3-1-1　能根据茶叶合理搭配茶点并予以推介	（1）根据茶叶搭配茶点 （2）合理推荐茶点
		3-1-2　能根据季节合理搭配茶点并予以推介	（1）根据不同季节合理搭配茶点 （2）合理推荐茶点

续表

职业功能模块	培训内容	技能目标	培训细目
3. 茶间服务	3-1 茶品推介	3-1-3 能根据茶叶的内含成分及对人体健康的作用来推介相应茶叶	根据茶叶内含成分及对人体健康的作用合理推荐
		3-1-4 能向宾客介绍不同水质对茶汤的影响	介绍不同水质对茶汤的影响
		3-1-5 能根据所泡茶品解答相关问题	解答宾客关于茶品的问题
	3-2 商品销售	3-2-1 能根据茶叶特点科学地保存茶叶	（1）掌握茶叶的特点 （2）掌握茶叶保存的常识
		3-2-2 能销售名优茶和特殊茶品	掌握销售名优茶和特殊茶品的技巧
		3-2-3 能销售名家茶器、定制（柴烧、手绘）茶具	掌握名家茶器和柴烧、手绘茶具的销售方法
		3-2-4 能根据宾客需要选配家庭茶室用品	为宾客选配家庭茶室用品
		3-2-5 能为茶室、茶庄等经营场所选配并向其销售茶商品	（1）为茶室选配并销售茶商品 （2）为茶庄选配并销售茶商品

2.1.4 三级 / 高级职业技能培训要求

职业功能模块	培训内容	技能目标	培训细目
1. 接待准备	1-1 礼仪接待	1-1-1 能根据不同国家的礼仪接待外宾	按照不同国家的礼仪接待外宾
		1-1-2 能使用英语与外宾进行简单问候与沟通	使用英语规范用语与外宾进行简单问候与沟通
		1-1-3 能按照服务接待要求接待特殊宾客	按照服务接待要求接待特殊宾客
	1-2 茶事准备	1-2-1 能鉴别茶叶品质高低	（1）茶叶品评 （2）茶叶品质鉴别

续表

职业功能模块	培训内容	技能目标	培训细目
1. 接待准备	1-2　茶事准备	1-2-2　能鉴别高山茶与台地茶	（1）鉴别高山茶 （2）鉴别台地茶
		1-2-3　能识别常用瓷器茶具的款式及质量	（1）正确识别常用瓷器茶具的款式 （2）正确分辨常用瓷器茶具的质量
		1-2-4　能识别常用陶器茶具的款式及质量	（1）识别常用陶器茶具款式 （2）识别常用陶器茶具质量
2. 茶艺服务	2-1　茶席设计	2-1-1　能根据不同题材，设计不同主题的茶席	设计不同主题茶席
		2-1-2　能根据不同的茶品、茶具组合、铺垫物品等进行茶席设计	（1）根据茶品进行茶席设计 （2）根据茶具组合进行茶席设计 （3）铺垫物品的运用 （4）茶席元素的综合利用
		2-1-3　能根据少数民族的茶俗设计不同的茶席	根据少数民族茶俗进行茶席设计
		2-1-4　能根据茶席设计需要进行茶器搭配	（1）配置茶品 （2）配置茶具组合 （3）配置铺垫物品
		2-1-5　能根据茶席设计主题配置相关的其他器物	（1）根据茶席主题配置插花 （2）根据茶席主题配置焚香 （3）根据茶席主题配置茶挂 （4）根据茶席主题配置相关工艺品 （5）根据茶席主题配置装饰类背景
	2-2　茶艺演示	2-2-1　能按照不同茶艺演示要求布置演示台，选择和配置适当的插花、熏香、茶挂	（1）布置茶艺演示台 （2）选择和配置茶艺插花 （3）选择和配置熏香 （4）选择和配置茶挂
		2-2-2　能根据茶艺演示主题选择相应的服饰	（1）根据主题意境选择服饰 （2）根据民俗选择服饰 （3）根据民族选择服饰 （4）根据年代选择服饰

续表

职业功能模块	培训内容	技能目标	培训细目
2. 茶艺服务	2-2 茶艺演示	2-2-3 能根据茶艺演示主题选择合适的音乐	根据茶艺演示主题选配音乐
		2-2-4 能根据茶席设计主题确定茶艺演示内容	（1）根据茶席设计主题确定茶艺演示程序 （2）根据茶席设计主题确定茶艺演示具体内容
		2-2-5 能根据地方风味和少数民族茶俗组织茶艺演示	（1）演示各地风味茶艺 （2）演示少数民族茶艺
		2-2-6 能组织、演示茶艺并介绍其文化内涵	（1）茶艺演示组织 （2）茶艺文化内涵阐述
3. 茶间服务	3-1 茶事推介	3-1-1 能根据宾客需求介绍有关茶叶的传说、典故	介绍茶叶传说、典故
		3-1-2 能使用评茶专业术语，向宾客通俗介绍茶叶的色、香、味、形	（1）掌握评茶专业术语 （2）向宾客介绍茶叶的色、香、味、形
		3-1-3 能向宾客介绍选购紫砂茶具的技巧	（1）了解紫砂茶具的特点 （2）向宾客介绍紫砂茶具的选购方法
		3-1-4 能向宾客介绍选购瓷器茶具的技巧	（1）了解瓷器茶具的特点 （2）向宾客介绍瓷器茶具的选购方法
		3-1-5 能向宾客介绍不同茶具的养护知识	（1）向宾客介绍紫砂茶具的养护知识 （2）向宾客介绍瓷器茶具的养护知识 （3）向宾客介绍其他茶具的养护知识

续表

职业功能模块	培训内容	技能目标	培训细目
3. 茶间服务	3-2　营销服务	3-2-1　能根据市场需求调配茶叶、茶具营销模式	（1）正确引导宾客消费 （2）合理调配茶叶、茶具
		3-2-2　能根据季节变化、节假日特点等制订茶艺馆消费品配备计划	（1）根据季节变化进行选配 （2）根据不同节假日进行选配
		3-2-3　能按照茶艺馆要求，初步设计和具体实施茶事展销活动	（1）根据茶艺馆的要求设计茶事展销活动 （2）根据茶艺馆要求实施茶事展销活动

2.1.5　二级 / 技师职业技能培训要求

职业功能模块	培训内容	技能目标	培训细目
1. 茶艺馆创意	1-1　茶艺馆规划	1-1-1　能提出茶艺馆选址的建议	（1）调查周边自然环境与人文环境 （2）茶艺馆选址对客源情况的基本要求 （3）茶艺馆选址对地段的基本要求 （4）茶艺馆选址对交通的基本要求 （5）茶艺馆选址对周边环境的基本要求 （6）茶艺馆选址对能源供应的基本要求 （7）茶艺馆选址对后备服务的基本要求
		1-1-2　能提出不同特色茶艺馆的定位建议	（1）茶艺馆特色定位 （2）茶艺馆经营风格定位 （3）茶艺馆功能定位
		1-1-3　能根据茶艺馆的定位提出整体布局的建议	茶艺馆整体布局

续表

职业功能模块	培训内容	技能目标	培训细目
1. 茶艺馆创意	1–2　茶艺馆布置	1–2–1　能根据茶艺馆的布局分割与布置不同的区域	（1）品茗区的分割与布置 （2）多功能区的分割与布置 （3）文化活动区的分割与布置 （4）商品展示区的分割与布置 （5）服务台的分割与布置 （6）茶艺展示台的分割与布置 （7）茶水房的分割与布置 （8）茶点房的分割与布置
		1–2–2　能根据茶艺馆的风格布置陈列柜和服务台	（1）茶艺馆陈列柜的布置 （2）茶艺馆服务台的布置
		1–2–3　能根据茶艺馆的主题设计布置不同风格的品茗区	（1）布置中式风格品茗区 （2）布置日式风格品茗区 （3）布置韩式风格品茗区 （4）布置欧美风格品茗区
2. 茶事活动	2–1　茶艺演示	2–1–1　能进行仿古（仿唐、仿宋或仿明清）茶艺演示，并能担任主泡	（1）进行仿唐茶艺演示 （2）进行仿宋茶艺演示 （3）进行仿明茶艺演示 （4）进行仿清茶艺演示
		2–1–2　能进行日本茶道演示	（1）进行抹茶茶道的演示 （2）进行煎茶茶道的演示
		2–1–3　能进行韩国茶礼演示	进行韩国茶礼的演示
		2–1–4　能进行英式下午茶演示	进行英式下午茶的演示
		2–1–5　能用一门外语进行茶艺解说	熟练运用茶艺专用外语
	2–2　茶会组织	2–2–1　能策划中、小型茶会	（1）区分茶会类型 （2）策划中、小型茶会
		2–2–2　能设计茶会活动的可实施方案	设计茶会活动的可实施方案
		2–2–3　能根据茶会的类型进行茶会组织	（1）茶会的准备 （2）茶会的组织
		2–2–4　能主持各类茶会	主持各类茶会

续表

职业功能模块	培训内容	技能目标	培训细目
3. 业务管理（茶事管理）	3-1　服务管理	3-1-1　能制定茶艺馆服务流程及服务规范	（1）制定茶艺馆服务流程 （2）制定茶艺馆服务规范
		3-1-2　能指导低级别茶艺服务人员	指导低级别茶艺服务人员
		3-1-3　能对茶艺师的服务工作进行检查指导	对茶艺师的服务进行检查指导
		3-1-4　能制定施茶艺馆服务管理方案并组织实施	（1）制定服务管理方案 （2）实施茶艺馆服务管理方案
		3-1-5　能提出并策划茶艺演示活动的可实施方案	制定茶艺馆茶艺活动方案
		3-1-6　能对茶艺馆的茶叶、茶具进行质量检查	（1）对茶叶质量进行检查 （2）对茶具质量进行检查
		3-1-7　能对茶艺馆的安全进行检查与改进	（1）对茶艺馆的安全进行检查 （2）对茶艺馆的安全问题进行改进
		3-1-8　能处理宾客投诉	处理宾客的投诉
	3-2　茶艺培训	3-2-1　能制订并实施茶艺培训计划	（1）制订茶艺培训计划 （2）实施茶艺培训计划
		3-2-2　能组织茶艺人员进行培训教学工作	（1）组织茶艺人员培训工作 （2）掌握茶艺培训组织技巧
		3-2-3　能组建茶艺演示队伍	组建茶艺演示队伍
		3-2-4　能训练茶艺演示队伍	训练茶艺演示队伍

2.1.6　一级 / 高级技师职业技能培训要求

职业功能模块	培训内容	技能目标	培训细目
1. 茶饮服务	1-1　品评服务	1-1-1　能根据宾客需求提供不同茶饮	（1）根据宾客需求提供传统茶饮与现代茶饮 （2）根据宾客需求提供清饮与调饮 （3）根据宾客需求提供民族茶饮与民俗茶饮
		1-1-2　能对传统茶饮进行创新和设计	（1）了解传统茶饮的创新原则 （2）传统茶饮创新设计
		1-1-3　能审评茶叶的质量优次和等级	综合运用茶叶审评知识

续表

职业功能模块	培训内容	技能目标	培训细目
1. 茶饮服务	1–2 茶健康服务	1–2–1 能根据宾客需求向宾客介绍茶健康知识	掌握茶健康基础知识
		1–2–2 能配置适合宾客健康状况的茶饮	掌握保健茶饮的配置方法
		1–2–3 能根据宾客健康状况，提出茶预防、养生、调理的建议	熟悉并运用茶预防、养生、调理基本知识
2. 茶事创作	2–1 茶艺编创	2–1–1 能根据需要编创不同类型、不同主题的茶艺演示	茶艺演示的编创
		2–1–2 能根据茶叶营销需要编创茶艺演示	掌握不同类型茶叶营销活动与茶艺演示结合的原则
		2–1–3 能根据茶艺演示的需要进行舞台美学及服饰搭配	掌握并运用茶艺美学知识
		2–1–4 能用文字阐释所编创茶艺的文化内涵，并能进行解说	（1）茶艺编创写作 （2）茶艺解说
	2–2 茶会创新	2–2–1 能策划、设计不同类型的茶会	掌握茶会的不同类型与创意设计
		2–2–2 能组织各种大型茶会	（1）进行大型茶会的创意设计 （2）组织大型茶会
		2–2–3 能组织各国不同风格的茶会	组织各国不同风格的茶会
		2–2–4 能根据宾客需求介绍各国茶会的特色与内涵	介绍各国茶会的特色与内涵
3. 业务管理（茶事管理）	3–1 经营管理	3–1–1 能制订并实施茶艺馆经营管理计划	（1）制订茶艺馆经营管理计划 （2）实施茶艺馆经营管理计划
		3–1–2 能制订并落实茶艺馆营销计划	（1）制订茶艺馆营销计划 （2）了解茶艺馆营销的基本法则
		3–1–3 能进行成本核算，对茶饮与商品进行定价	（1）了解茶艺馆成本核算的方法 （2）对茶饮与商品进行定价
		3–1–4 能拓展茶艺馆茶点、茶宴业务	（1）掌握茶点知识 （2）掌握茶宴知识

续表

职业功能模块	培训内容	技能目标	培训细目
3. 业务管理（茶事管理）	3-1　经营管理	3-1-5　能创意策划茶艺馆的文创产品	创意策划茶艺馆文创产品
		3-1-6　能策划与茶艺馆衔接的其他茶事活动	策划茶文化旅游相关茶事活动
	3-2　人员培训	3-2-1　能完成茶艺培训工作并编写培训讲义	（1）完成茶艺培训工作 （2）编写培训讲义
		3-2-2　能对技师进行指导	指导技师的工作
		3-2-3　能策划组织茶艺馆全员培训	茶艺馆全员培训
		3-2-4　能撰写茶艺馆培训情况分析与总结报告	（1）撰写茶艺馆培训情况分析 （2）撰写茶艺馆培训总结
		3-2-5　能撰写茶业调研报告与专题论文	（1）撰写茶业调研报告 （2）撰写专题论文

2.2　课程规范

2.2.1　职业基本素质培训课程规范

模块	课程	学习单元	课程内容	培训建议	课堂学时
1. 职业认知与职业道德	1-1　职业认知	职业认知	1）茶艺的概念 ①茶艺的定义 ②茶艺的类型 ③茶艺的特点	（1）方法：讲授法 （2）重点与难点：茶艺师的岗位职责	2
			2）茶艺师简介		
			3）茶艺师的岗位职责		

续表

<table>
<tr><th>模块</th><th>课程</th><th>学习单元</th><th>课程内容</th><th>培训建议</th><th>课堂学时</th></tr>
<tr><td rowspan="8">1. 职业认知与职业道德</td><td rowspan="3">1–2 职业道德基本知识</td><td rowspan="3">道德与职业道德修养</td><td>1）道德</td><td rowspan="3">（1）方法：讲授法、案例教学法
（2）重点与难点：加强职业道德修养</td><td rowspan="3">2</td></tr>
<tr><td>2）职业道德的概念</td></tr>
<tr><td>3）加强职业道德修养
①遵守职业道德的必要性
②职业道德的基本准则
③培养职业道德的途径</td></tr>
<tr><td rowspan="5">1–3 职业守则</td><td rowspan="5">职业守则</td><td>1）热爱专业，忠于职守</td><td rowspan="5">（1）方法：讲授法、案例教学法
（2）重点与难点：茶艺师的职业守则</td><td rowspan="5">1</td></tr>
<tr><td>2）遵纪守法，文明经营</td></tr>
<tr><td>3）礼貌待客，热情服务</td></tr>
<tr><td>4）真诚守信，一丝不苟</td></tr>
<tr><td>5）钻研业务，精益求精</td></tr>
<tr><td rowspan="4">2. 茶文化基本知识</td><td rowspan="4">2–1 中国茶文化</td><td rowspan="4">中国茶文化</td><td>1）中国使用茶的源流
①药用
②食用
③饮用</td><td rowspan="4">（1）方法：讲授法
（2）重点：中国茶文化精神及饮茶风俗
（3）难点：茶与非物质文化遗产</td><td rowspan="4">7</td></tr>
<tr><td>2）饮茶方法的演变
①唐代煎茶
②宋代点茶
③明清泡茶
④当代饮茶</td></tr>
<tr><td>3）中国茶文化精神
①中和之道
②自然之性
③清雅之美
④明伦之礼</td></tr>
<tr><td>4）中国饮茶风俗
①不同历史的饮茶风俗
②不同阶层的饮茶风俗
③不同文化的饮茶风俗
④不同民族的饮茶风俗</td></tr>
</table>

续表

模块	课程	学习单元	课程内容	培训建议	课堂学时
2. 茶文化基本知识	2-1 中国茶文化	中国茶文化	5）茶与非物质文化遗产 ①非物质文化遗产的概念 ②非物质文化遗产之茶的制作技艺 ③非物质文化遗产之茶具制作技艺 ④非物质文化遗产之制茶传承人		
	2-2 外国茶文化	外国茶文化	1）茶的外传及影响 ①茶外传的影响 ②茶往国外传播的途径	（1）方法：讲授法 （2）重点与难点：外国饮茶风俗	2
			2）外国饮茶风俗 ①亚洲茶俗 ②欧美茶俗 ③非洲茶俗 ④其他地区茶俗		
3. 茶叶知识	3-1 茶树基本知识	茶树基本知识	1）茶树的定义	（1）方法：讲授法 （2）重点：茶树的演变、组成及栽培 （3）难点：茶树的栽培	1
			2）茶树的起源和演变 ①茶树的原产地 ②茶树的演变		
			3）茶树的形态特征 ①茶树的外形 ②茶树的组成		
			4）茶树的生长环境与栽培 ①茶树的生长环境 ②茶树的栽培		
	3-2 茶叶种类及鉴别	（1）茶叶种类	1）茶叶分类的方法	（1）方法：讲授法、演示法、实训（练习）法 （2）重点与难点：辨识基本茶类	1
			2）基本茶类		
			3）再加工茶类		
			4）非茶之茶		

续表

<table>
<tr><th>模块</th><th>课程</th><th>学习单元</th><th>课程内容</th><th>培训建议</th><th>课堂学时</th></tr>
<tr><td rowspan="12">3. 茶叶知识</td><td rowspan="11">3–2 茶叶种类及鉴别</td><td rowspan="4">（2）茶叶加工工艺及特点</td><td>1）按加工方式及发酵度的分类</td><td rowspan="4">（1）方法：讲授法、演示法、实训（练习）法
（2）重点与难点：茶叶的加工工艺及特点</td><td rowspan="4">2</td></tr>
<tr><td>2）不发酵茶类的工艺及特点</td></tr>
<tr><td>3）半发酵茶类的工艺及特点</td></tr>
<tr><td>4）全发酵茶类的工艺及特点</td></tr>
<tr><td rowspan="3">（3）中国名茶及其产地</td><td>1）中国主要茶区</td><td rowspan="3">（1）方法：讲授法
（2）重点与难点：历史名茶及其产地</td><td rowspan="3">1</td></tr>
<tr><td>2）历史名茶及其产地</td></tr>
<tr><td>3）现代名茶及其产地</td></tr>
<tr><td rowspan="3">（4）茶叶品质鉴别</td><td>1）茶叶品质的形成</td><td rowspan="3">（1）方法：讲授法、演示法、实训（练习）法
（2）重点与难点：茶叶感官审评基础知识</td><td rowspan="3">2</td></tr>
<tr><td>2）茶叶感官审评基础知识</td></tr>
<tr><td>3）茶叶仪器审评基础知识</td></tr>
<tr><td rowspan="2">3–3 茶叶储存与产销</td><td rowspan="2">茶叶储存与产销</td><td>1）茶叶的储存
①茶叶变质的原因
②茶叶储存的方法</td><td rowspan="2">（1）方法：讲授法
（2）重点与难点：茶叶的产销</td><td rowspan="2">1</td></tr>
<tr><td>2）茶叶产销概况
①世界茶叶产销概况
②中国茶叶产销概况</td></tr>
<tr><td rowspan="2">4. 茶具知识</td><td rowspan="2">4–1 茶具的发展和种类</td><td rowspan="2">茶具的发展和种类</td><td>1）茶具的历史演变
①器具共用时期
②茶具专用时期
③茶具多样时期</td><td rowspan="2">（1）方法：讲授法、演示法、实训（练习）法
（2）重点与难点：茶具的种类及产地</td><td rowspan="2">2</td></tr>
<tr><td>2）茶具的种类及产地
①瓷器茶具及产地
②陶器茶具及产地
③其他茶具及产地</td></tr>
</table>

续表

模块	课程	学习单元	课程内容	培训建议	课堂学时
4. 茶具知识	4–2　各类茶具特色	各类茶具特色	1）瓷器茶具 ①瓷器茶具发展历史 ②瓷器茶具的特色	（1）方法：讲授法、演示法、实训（练习）法 （2）重点：各类茶具的特色 （3）难点：各种茶具与茶叶的搭配运用	3
			2）陶器茶具 ①陶器茶具发展历史 ②陶器茶具的特色		
			3）其他茶具的特色（玻璃茶具、金属茶具、竹木茶具、椰壳茶具、瓦片茶具等）		
5. 品茗用水知识	5–1　品茗与用水的关系	品茗与用水的关系	1）水的软硬度与茶的关系	（1）方法：讲授法、演示法、实训（练习）法 （2）重点与难点：水的软硬度与茶的关系	1
			2）水温与茶的关系		
	5–2　品茗用水的分类与选择方法	品茗用水的分类与选择方法	1）品茗用水的分类 ①天水（雪水、雨水、露水及霜水） ②地水（江水、湖水、河水及井水） ③再加工水（经过处理的自来水）	（1）方法：讲授法、演示法、实训（练习）法 （2）重点与难点：品茗用水的选择	1
			2）品茗用水的选择方法 ①水的软硬度 ② pH 值与水质 ③水质对茶的影响		
6. 茶艺基本知识	茶艺基本知识	茶艺基本知识	1）品饮要义 ①选茶 ②择水 ③备器 ④冲泡 ⑤品赏 ⑥茶人 ⑦礼仪 ⑧雅静	（1）方法：讲授法、演示法、实训（练习）法 （2）重点与难点：冲泡技巧	2
			2）冲泡技巧 ①投茶量 ②冲泡水温 ③注水方式 ④冲泡时间		
			3）茶点选配 ①与茶有关的饮食 ②茶点的搭配		

续表

模块	课程	学习单元	课程内容	培训建议	课堂学时
7. 茶与健康及科学饮茶	7–1 茶与健康	茶与健康	1）茶叶主要成分 ①茶叶的营养成分 ②茶叶的药用成分 2）茶与健康的关系 ①古人对茶与健康关系的认知 ②现代人对茶与健康关系的认知	（1）方法：讲授法、案例教学法 （2）重点与难点：茶与健康的关系	1
	7–2 科学饮茶	科学饮茶	1）科学饮茶的基本要求 2）根据体质选茶 3）根据季节饮茶 4）饮茶禁忌	（1）方法：讲授法、案例教学法 （2）重点与难点：如何科学饮茶	1
8. 食品与茶叶营养卫生	食品与茶叶营养卫生	（1）食品与茶叶卫生基础知识	1）国内市场商品茶现行标准 ①国家标准 ②行业标准 ③地方标准 ④企业标准 2）国家茶叶质量卫生标准 ①茶叶的质量标准 ②茶叶的卫生标准 ③茶叶重金属指标 ④茶叶微生物检验标准 3）茶艺馆的卫生要求 ①茶艺馆卫生管理 ②茶叶保质 ③茶具消毒 ④用水卫生	（1）方法：讲授法、案例教学法 （2）重点与难点：合理运用标准及制度进行茶艺馆的经营与管理	1
		（2）饮食业食品卫生制度	食品卫生制度要求		1

续表

模块	课程	学习单元	课程内容	培训建议	课堂学时
9. 劳动安全基本知识	劳动安全基本知识	（1）安全生产	1）安全用电	（1）方法：讲授法 （2）重点与难点安全用电	1
			2）安全用火		
		（2）安全防护	1）操作安全防护 ①防爆 ②防烫伤 ③防意外	（1）方法：讲授法、案例教学法 （2）重点与难点：操作安全防护	1
			2）财产安全防护 ①茶室财产安全 ②顾客财产安全		
			3）环境安全防护 ①空间环境 ②空气质量		
		（3）安全生产事故报告	1）安全生产事故处理法规	（1）方法：讲授法 （2）重点与难点安全生产事故申报程序	1
			2）安全生产事故申报程序		
10. 相关法律法规知识	相关法律法规知识	相关法律法规知识	1）《中华人民共和国劳动法》	（1）方法：讲授法、案例教学法 （2）重点与难点：中华人民共和国食品安全法	2
			2）《中华人民共和国劳动合同法》		
			3）《中华人民共和国食品安全法》		
			4）《中华人民共和国消费者权益保护法》		
			5）《公共场所卫生管理条例》		
课堂学时合计					40

2.2.2 五级 / 初级职业技能培训课程规范

模块	课程	学习单元	课程内容	培训建议	课堂学时
1. 接待准备	1-1 仪表准备	(1) 仪容准备	1) 茶事服务礼仪基本知识	(1) 方法: 讲授法、演示法 (2) 重点与难点: 规范着装、个人仪容仪表	3
			2) 茶艺人员服饰礼仪要求		
			3) 茶艺人员配饰礼仪要求		
			4) 茶艺人员容貌修饰 ①修饰常识 ②修饰要求		
			5) 茶艺人员手部护理 ①护理常识 ②护理要求		
			6) 茶艺人员发型、头饰要求 ①适合个人气质 ②头饰的选择要求 ③按要求修整发型		
		(2) 仪态要求	茶事服务形体礼仪基本知识 ①站姿: 优美而典雅 ②坐姿: 端正而优美 ③走姿: 端庄而大方 ④蹲姿: 优雅而稳重	(1) 方法: 讲授法、演示法 (2) 重点与难点: 规范仪态	2
		(3) 服务语言及运用	1) 普通话基本知识	(1) 方法: 讲授法、演示法 (2) 重点与难点: 灵活运用服务语言	1
			2) 迎宾敬语基本知识 ①称呼礼节 ②问候礼节 ③应答礼节		
	1-2 茶室准备	(1) 茶室环境准备	1) 茶室工作人员岗位职责和服务流程	(1) 方法: 讲授法 (2) 重点与难点: 茶室环境与卫生要求	3
			2) 茶室环境要求 ①茶室布置讲求情调 ②茶室外观典雅别致 ③品茗环境力求雅致简洁		
			3) 茶室卫生要求 ①品茗室卫生要求 ②收银台卫生要求 ③储存室卫生要求		

续表

模块	课程	学习单元	课程内容	培训建议	课堂学时
1. 接待准备	1–2　茶室准备	（2）茶具用品准备	1）茶具用品的洗涤方法 ①金属制茶隔的清洗 ②茶杯、茶壶等茶具的茶垢清洗	（1）方法：讲授法、实物示教法 （2）重点与难点：茶具用品的洗涤方法	2
			2）茶具用品的消毒方法		
		（3）茶室设备准备	1）茶室内灯光设备使用方法	（1）方法：讲授法、案例教学法 （2）重点与难点：茶室设备的使用方法	1
			2）茶室内音响设备使用方法		
		（4）消防安全准备	1）消防安全基本常识	（1）方法：讲授法、演示法 （2）重点与难点：消防灭火器的操作方法	1
			2）消防灭火器的操作方法 ①干粉灭火器 ②手提式水基型灭火器 ③手提式二氧化碳灭火器		
		（5）防毒安全准备	1）防毒面具基本知识	（1）方法：讲授法、演示法 （2）重点与难点：防毒面具的使用方法	2
			2）佩戴防毒面具并指导宾客使用 ①防毒面具使用方法 ②指导宾客使用注意事项		
2. 茶艺服务	2–1　冲泡备器	（1）区分六大茶类	1）绿茶的特点与识别	（1）方法：讲授法、实训（练习）法 （2）重点：六大茶类的基本特征 （3）难点：茶叶识别	10
			2）白茶的特点与识别		
			3）黄茶的特点与识别		
			4）青茶的特点与识别		
			5）红茶的特点与识别		
			6）黑茶的特点与识别		
		（2）选取茶叶	1）茶单的使用 ①茶单基本知识 ②茶单的设计制作	（1）方法：讲授法、实训（练习）法 （2）重点与难点：根据茶单选择茶叶	2
			2）根据茶单选择茶叶		

续表

<table>
<tr><th>模块</th><th>课程</th><th>学习单元</th><th>课程内容</th><th>培训建议</th><th>课堂学时</th></tr>
<tr><td rowspan="20">2. 茶艺服务</td><td rowspan="5">2-1 冲泡备器</td><td rowspan="2">（3）选用冲泡器皿</td><td>1）选用泡茶、饮茶用具
①泡茶用具
②饮茶用具</td><td rowspan="2">（1）方法：讲授法、实训（练习）法
（2）重点：泡茶器具种类与使用方法
（3）难点：根据茶叶选择冲泡茶具</td><td rowspan="2">10</td></tr>
<tr><td>2）选用茶艺辅助用品
①备水器
②盛运器
③泡茶席
④冲泡用茶与相关用品</td></tr>
<tr><td rowspan="3">（4）选择和使用备水、烧水器具</td><td>1）安全用电常识</td><td rowspan="3">（1）方法：讲授法、实训（练习）法
（2）重点：安全用电常识
（3）难点：烧水器具的使用规程</td><td rowspan="3">2</td></tr>
<tr><td>2）备水器具使用规程</td></tr>
<tr><td>3）烧水器具使用规程</td></tr>
<tr><td rowspan="15">2-2 冲泡演示</td><td rowspan="6">（1）根据茶类确定投茶量和水量比例</td><td>1）绿茶的投茶量和水量比例</td><td rowspan="6">（1）方法：教授法、实训（练习）法
（2）重点与难点：掌握不同茶类投茶量和水量比例</td><td rowspan="6">4</td></tr>
<tr><td>2）白茶的投茶量和水量比例</td></tr>
<tr><td>3）黄茶的投茶量和水量比例</td></tr>
<tr><td>4）青茶的投茶量和水量比例</td></tr>
<tr><td>5）红茶的投茶量和水量比例</td></tr>
<tr><td>6）黑茶的投茶量和水量比例</td></tr>
<tr><td rowspan="6">（2）根据茶叶类型选择冲泡水温和浸泡时间</td><td>1）绿茶的冲泡水温及浸泡时间</td><td rowspan="6">（1）方法：讲授法、实训（练习）法
（2）重点与难点：掌握不同茶类的冲泡水温和浸泡时间</td><td rowspan="6">4</td></tr>
<tr><td>2）白茶的冲泡水温及浸泡时间</td></tr>
<tr><td>3）黄茶的冲泡水温及浸泡时间</td></tr>
<tr><td>4）青茶的冲泡水温及浸泡时间</td></tr>
<tr><td>5）红茶的冲泡水温及浸泡时间</td></tr>
<tr><td>6）黑茶的冲泡水温及浸泡时间</td></tr>
<tr><td rowspan="3">（3）选择茶具和冲泡方法</td><td>1）玻璃杯使用要求与技巧</td><td rowspan="3">（1）方法：讲授法、实训（练习）法
（2）重点与难点：玻璃杯、盖碗、紫砂壶使用技巧</td><td rowspan="3">8</td></tr>
<tr><td>2）盖碗使用要求与技巧</td></tr>
<tr><td>3）紫砂壶使用要求与技巧</td></tr>
</table>

续表

模块	课程	学习单元	课程内容	培训建议	课堂学时
2. 茶艺服务	2–2 冲泡演示	（4）品饮方法	1）绿茶的品饮	（1）方法：讲授法、实训（练习）法 （2）重点与难点：六大茶类的品饮方法	10
			2）白茶的品饮		
			3）黄茶的品饮		
			4）青茶的品饮		
			5）红茶的品饮		
			6）黑茶的品饮		
3. 茶间服务	3–1 茶饮推介	（1）交谈礼仪规范，了解宾客需求	1）交谈礼仪规范 ①接待礼仪 ②交谈礼仪 ③沟通艺术	（1）方法：讲授法、演示法 （2）重点：交谈礼仪规范 （3）难点：有效沟通了解宾客需求	2
			2）了解宾客需求		
		（2）根据茶叶特性推荐茶饮	1）不同茶类的特性 ①绿茶的特性 ②白茶的特性 ③黄茶的特性 ④青茶的特性 ⑤红茶的特性 ⑥黑茶的特性	（1）方法：讲授法 （2）重点：了解茶叶的特性 （3）难点：根据茶叶的特性合理推荐	2
			2）根据不同茶类的特性进行推荐		
		（3）根据季节推荐茶饮	1）不同季节适合的茶饮 ①春季：绿茶、黄茶、花茶 ②夏季：绿茶、白茶 ③秋季：青茶、白茶 ④冬季：红茶、黑茶	（1）方法：讲授法、实物示教法 （2）重点与难点：不同季节适合的茶饮	2
			2）根据四季合理推荐		
	3–2 商品销售	（1）记账、结账	1）结账、记账的相关知识	（1）方法：讲授法、案例教学法 （2）重点与难点：办理结账、记账基本程序	1
			2）结账、记账的基本程序		
		（2）茶叶的销售	茶叶销售的基本知识 ①根据茶叶特性进行推荐 ②根据宾客喜好进行推荐	（1）方法：实物示教法 （2）重点与难点：根据茶叶特性进行推荐	2

续表

模块	课程	学习单元	课程内容	培训建议	课堂学时
3. 茶间服务	3-2 商品销售	（3）普通茶具的销售	茶具销售的基本知识 ①因茶制宜 ②因地制宜 ③因人制宜 ④因具制宜	（1）方法：讲授法、实物示教法 （2）重点与难点：根据茶叶特点销售普通茶具	2
		（4）茶叶、茶具包装	1）茶叶、茶具包装的种类 2）茶叶、茶具包装材料的选择 3）茶叶、茶具包装方法	（1）方法：讲授法、实物示教法 （2）重点与难点：茶叶、茶具的包装方法	2
		（5）售后服务	1）茶叶的售后服务 ①茶叶售后存放的注意事项 ②茶叶售后品饮的注意事项 2）茶具的售后服务 ①茶具的保养注意事项 ②茶具的正确使用方法	（1）方法：讲授法 （2）重点与难点：茶叶与茶具售后存放与保养注意事项	2
课堂学时合计					80

2.2.3 四级 / 中级职业技能培训课程规范

模块	课程	学习单元	课程内容	培训建议	课堂学时
1. 接待准备	1-1 礼仪接待	（1）接待礼仪与技巧基本知识	1）导位、迎宾的礼仪技巧 2）交谈的礼仪与技巧 3）礼貌举止	（1）方法：讲授法、演示法 （2）重点与难点：茶事服务要求	2

续表

模块	课程	学习单元	课程内容	培训建议	课堂学时
1. 接待准备	1–1　礼仪接待	（2）根据地区特点进行礼仪接待	国内不同地区宾客服务的基本知识 ①华北地区 ②东北地区 ③西北地区 ④华东地区 ⑤华中地区 ⑥华南地区 ⑦西南地区	（1）方法：讲授法 （2）重点与难点：国内不同地区的接待礼仪	2
		（3）根据民族风俗进行礼仪接待	不同民族宾客服务的基本知识 ①汉族 ②藏族 ③蒙古族 ④傣族 ⑤维吾尔族 ⑥壮族 ⑦回族	（1）方法：讲授法 （2）重点与难点：不同民族宾客的接待礼仪	2
		（4）根据宗教信仰进行礼仪接待	不同宗教信仰宾客服务的基本知识 ①佛教 ②道教 ③基督教 ④伊斯兰教	（1）方法：讲授法 （2）重点与难点：不同宗教信仰宾客的接待礼仪	1
		（5）根据宾客特点进行针对性接待	1）不同性别特点宾客服务的基本知识 ①男性宾客的服务 ②女性宾客的服务	（1）方法：讲授法 （2）重点与难点：不同特点宾客的接待礼仪	2
			2）不同年龄特点宾客服务的基本知识 ①年老、体弱宾客的服务 ②中年宾客的服务 ③青年宾客的服务		
	1–2　茶室布置	（1）合理摆放器物	1）茶室布置原则	（1）方法：讲授法、演示法 （2）重点与难点：茶室布置的原则	1
			2）茶室布置基本常识 ①茶桌布置 ②茶具摆放		

续表

模块	课程	学习单元	课程内容	培训建议	课堂学时
1. 接待准备	1–2 茶室布置	（2）合理摆放装饰物品	茶室装饰物品布置基本知识 ①书画 ②古玩文物 ③插花 ④民俗文物	（1）方法：讲授法、演示法 （2）重点与难点：茶室的合理装饰布置	2
		（3）合理陈列茶室商品	1）商品陈列的原则 ①陈列的安全性 ②陈列的易观看性、易选择性 ③陈列的易取性、易放回性	（1）方法：讲授法 （2）重点与难点：茶室商品陈列的方法	1
			2）商品陈列的方法		
		（4）调配茶叶、器物	茶具与茶叶的搭配知识 ①形状上的搭配 ②质地上的搭配 ③色泽上的搭配	（1）方法：讲授法 （2）重点与难点：茶叶、茶具的合理搭配	2
2. 茶艺服务	2–1 茶艺配置	（1）茶的识别	1）绿茶中的中国主要名茶	（1）方法：讲授法、实物示教法 （2）重点与难点：准确识别名茶	10
			2）白茶中的中国主要名茶		
			3）黄茶中的中国主要名茶		
			4）青茶中的中国主要名茶		
			5）红茶中的中国主要名茶		
			6）黑茶中的中国主要名茶		
		（2）新茶、陈茶识别	新茶、陈茶的特点与识别方法 ①根据茶叶的色泽分辨 ②根据茶叶的香气分辨 ③根据茶叶的滋味分辨 ④根据茶叶的手感分辨	（1）方法：讲授法、实物示教法 （2）重点：新茶、陈茶特点 （3）难点：新茶、陈茶识别方法	4
		（3）茶叶品质和等级识别	1）根据色泽、香气、滋味、形状等区分茶叶类型	（1）方法：讲授法、实物示教法 （2）重点与难点：评定茶叶品质和等级的方法	10
			2）运用评茶术语评定茶叶品质和等级 ①评定茶叶品质和等级的方法 ②评茶主要术语		

续表

模块	课程	学习单元	课程内容	培训建议	课堂学时
2. 茶艺服务	2-1　茶艺配置	（4）鉴别常用茶具的品质	常用茶具品质的鉴别方法 ①陶瓷茶具 ②紫砂茶具 ③玻璃及其他茶具	（1）方法：讲授法、实物示教法 （2）重点与难点：茶具品质的鉴别	4
		（5）茶艺台的布置	茶艺冲泡台的布置方法 ①茶具与茶叶的配合 ②茶具的摆放原则与摆放位置 ③茶艺冲泡台茶席的布置	（1）方法：讲授法、实物示教法 （2）重点与难点：茶具的摆放原则	6
	2-2　茶艺演示	（1）六大茶类冲泡	茶艺冲泡的要素 ①投茶量 ②冲泡水温 ③冲泡时间 ④注水方式	（1）方法：讲授法、实物示教法 （2）重点与难点：掌握不同茶类的冲泡区别	8
		（2）泡茶用水	1）不同茶叶泡茶用水的种类	（1）方法：讲授法、实物示教法 （2）重点与难点：不同茶类泡茶用水的处理方式	2
			2）不同茶叶泡茶用水的处理方式		
		（3）调饮红茶	1）调饮法及其特点	（1）方法：讲授法、实物示教法 （2）重点与难点：调饮红茶的制作技巧	4
			2）调饮红茶制作技巧（冷饮、热）		

续表

模块	课程	学习单元	课程内容	培训建议	课堂学时
2. 茶艺服务	2-2　茶艺演示	（4）生活茶艺	1）生活茶艺的基本类型 ①含叶泡法 ②茶水分离泡法	（1）方法：讲授法、实物示教法 （2）重点与难点：生活茶艺的展示	2
			2）生活茶艺的展示 ①基本程序 ②各类生活茶艺展示		
3. 茶间服务	3-1　茶品推介	（1）根据茶叶搭配茶点	1）茶叶与茶点的搭配 ①选配原则 ②不同茶叶与茶点的搭配	（1）方法：讲授法、演示法 （2）重点与难点：茶叶与茶点搭配知识	2
			2）合理推荐		
		（2）根据季节搭配茶点	1）季节与茶点的搭配 ①选配原则 ②四季与茶点的搭配	（1）方法：讲授法 （2）重点与难点：四季与茶点的搭配	1
			2）合理推荐		
		（3）根据成分推介茶叶	1）健康饮茶 ①茶叶的营养成分分析 ②茶叶的保健功效 ③如何科学饮茶	（1）方法：讲授法 （2）重点与难点：根据茶叶的营养成分为宾客推荐茶品	1
			2）合理推荐		
		（4）介绍水质对茶汤的影响	1）中国主要名茶与名泉分布	（1）方法：讲授法 （2）重点与难点：泡茶用水的选择	1
			2）水质对泡茶的影响		
			3）泡茶用水的选择		
		（5）解答常见问题	1）茶叶用量	（1）方法：讲授法 （2）重点与难点：泡茶的常见问题	1
			2）泡茶水温		
			3）冲泡时间		

续表

模块	课程	学习单元	课程内容	培训建议	课堂学时
3. 茶间服务	3-2　商品销售	（1）茶叶保存	1）茶叶变质的主要因素 ①温度 ②湿度 ③氧气 ④光线 2）茶叶的保存 ①茶叶保存的环境条件 ②茶叶保存的方法 ③茶叶保存的注意事项	（1）方法：讲授法 （2）重点与难点：茶叶保存的方法	1
		（2）销售名优茶和特殊茶	1）名优茶、特殊茶基本知识 ①什么是名优茶 ②什么是特殊茶 2）销售方法 ①名优茶的销售方法 ②特殊茶的销售方法	（1）方法：讲授法 （2）重点与难点：特殊茶的销售方法	2
		（3）销售名家茶器、定制茶具	1）名家茶器、定制茶具的基本知识 ①名家茶器的特点 ②柴烧、手绘茶具的特点 2）销售方法 ①名家茶器的销售方法 ②柴烧、手绘茶具的销售方法	（1）方法：讲授法 （2）重点与难点：名家茶具的销售方法	2
		（4）选配家庭茶室用品	1）家庭茶室用品的种类 ①茶具 ②装饰品 ③茶叶 2）选配的基本要求 ①搭配原则 ②协调原则 ③合理原则	（1）方法：讲授法 （2）重点与难点：选配家庭茶室用品的基本要求	2
		（5）选配茶室、茶庄的茶商品	1）选配茶室的茶商品 ①茶室的茶商品选配原则 ②茶室的茶商品销售注意事项 2）选配茶庄的茶商品 ①茶庄的茶商品选配原则 ②茶庄的茶商品销售注意事项	（1）方法：讲授法 （2）重点与难点：茶室、茶庄的茶商品选配原则	2
课堂学时合计					80

2.2.4 三级 / 高级职业技能培训课程规范

<table>
<tr><th>模块</th><th>课程</th><th>学习单元</th><th>课程内容</th><th>培训建议</th><th>课堂学时</th></tr>
<tr><td rowspan="9">1. 接待准备</td><td rowspan="5">1–1 礼仪接待</td><td rowspan="2">（1）不同国家接待礼仪</td><td>1）涉外礼仪基本要求</td><td rowspan="2">（1）方法：讲授法
（2）重点与难点：涉外礼仪基本要求</td><td rowspan="2">3</td></tr>
<tr><td>2）各国礼仪禁忌
①亚洲各国礼仪禁忌
②欧洲各国礼仪禁忌
③非洲各国礼仪禁忌</td></tr>
<tr><td>（2）英语问候与沟通</td><td>接待礼仪英语基本知识
①问候语
②询问
③请求
④感谢和致谢
⑤电话用语</td><td>（1）方法：讲授法
（2）重点与难点：接待礼仪英语基本知识</td><td>4</td></tr>
<tr><td rowspan="2">（3）特殊宾客接待</td><td>1）特殊宾客的类型
①行动不便的宾客
②带儿童的宾客
③挑剔的宾客
④有明显生理缺陷的宾客</td><td rowspan="2">（1）方法：讲授法
（2）重点与难点：特殊宾客服务接待技巧</td><td rowspan="2">2</td></tr>
<tr><td>2）特殊宾客服务接待技巧
①言语技巧
②行为举止技巧</td></tr>
<tr><td rowspan="4">1–2 茶事准备</td><td rowspan="2">（1）鉴别茶叶品质</td><td>1）茶叶的品评方法</td><td rowspan="2">（1）方法：讲授法、实物示教法
（2）重点与难点：茶叶的品评方法</td><td rowspan="2">3</td></tr>
<tr><td>2）茶叶的品质鉴别方法</td></tr>
<tr><td rowspan="2">（2）鉴别高山茶、台地茶</td><td>1）鉴别高山茶（外形、色泽、条索、滋味、香气）</td><td rowspan="2">（1）方法：讲授法、实物示教法
（2）重点与难点：高山茶与台地茶的鉴别方法</td><td rowspan="2">2</td></tr>
<tr><td>2）鉴别台地茶（外形、色泽、条索、滋味、香气）</td></tr>
</table>

续表

模块	课程	学习单元	课程内容	培训建议	课堂学时
1. 接待准备	1–2　茶事准备	（3）识别常用瓷器茶具款式及质量	1）瓷器茶具的款式及特点 ①茶壶的款式及特点 ②盖碗的款式及特点 ③储茶罐的款式及特点	（1）方法：讲授法、实物示教法 （2）重点与难点：瓷器茶具的质量识别	3
			2）瓷器茶具的质量		
		（4）识别常用陶器茶具款式及质量	1）陶器茶具的款式、特点	（1）方法：讲授法、实物示教法 （2）重点与难点：陶器茶具的质量识别	3
			2）陶器茶具质量与泥料		
2. 茶艺服务	2–1　茶席设计	（1）根据题材设计茶席	1）茶席设计基本原理 ①茶席设计含义 ②茶席的基本特征 ③茶席的组成元素 ④茶席设计原则	（1）方法：讲授法、实物示教法 （2）重点：茶席设计的原则 （3）难点：不同题材茶席设计的方法	2
			2）根据不同题材设计茶席		
		（2）根据茶品、茶具、铺垫物品等设计茶席	1）茶品选择与茶席设计	（1）方法：讲授法、实物示教法 （2）重点与难点：茶席设计元素的综合运用	4
			2）茶具组合与茶席设计		
			3）铺垫物品在茶席中的运用		
			4）茶席设计元素的综合运用		
		（3）根据少数民族茶俗进行茶席设计	1）少数民族茶俗与少数民族茶饮器具特色 ①少数民族茶俗 ②少数民族茶饮器具特色	（1）方法：讲授法、实物示教法 （2）重点与难点：少数民族茶俗与茶席的融合	6
			2）少数民族茶席及器物选配		

续表

模块	课程	学习单元	课程内容	培训建议	课堂学时
2. 茶艺服务	2-1　茶席设计	（4）根据茶席设计进行茶器搭配	根据茶席设计进行搭配 ①茶品 ②茶具组合 ③铺垫物品	（1）方法：讲授法、实物示教法 （2）重点与难点：茶席与茶器的选配	2
		（5）根据主题配置相关器物	根据主题配置器物 ①插花 ②焚香 ③茶挂 ④相关工艺品 ⑤装饰类背景	（1）方法：讲授法、实物示教法 （2）重点与难点：茶席主题与器物的选配	4
	2-2　茶艺演示	（1）茶艺演示台布置及插花、熏香、茶挂	1）茶艺演示台布置及茶艺插花、熏香、茶挂基本知识 ①茶艺演示台布置 ②茶席插花 ③熏香 ④茶挂	（1）方法：讲授法、实物示教法 （2）重点：茶艺演示台的布置 （3）难点：生活四艺在茶艺演示里的应用	8
			2）生活四艺（点茶、焚香、插花、挂画）在茶艺演示里的应用		
		（2）茶艺演示的服饰	1）根据主题意境选择服饰	（1）方法：讲授法、实物示教法 （2）重点与难点：根据主题意境选择服饰	2
			2）根据民俗选择服饰		
			3）根据民族选择服饰		
			4）根据年代选择服饰		
		（3）茶艺演示的音乐	1）茶艺演示与音乐相关知识 ①我国古典名曲 ②近代作曲家为品茶谱写的音乐 ③精心录制的大自然之声	（1）方法：讲授法 （2）重点：茶艺音乐的相关知识 （3）难点：运用音乐元素烘托茶艺主题	2
			2）运用音乐元素烘托茶艺主题		

续表

模块	课程	学习单元	课程内容	培训建议	课堂学时
2. 茶艺服务	2–2 茶艺演示	（4）茶艺演示内容	1）根据茶席设计主题确定茶艺演示程序	（1）方法：讲授法 （2）重点：根据茶席主题确定演示程序 （3）难点：根据茶席设计主题确定茶艺演示具体内容	2
			2）根据茶席设计主题确定茶艺演示具体内容		
		（5）民俗茶艺及少数民族茶艺	1）民俗茶艺的演示 ①擂茶 ②罐罐茶 ③豆子茶	（1）方法：讲授法、情景表演法 （2）重点与难点：民俗茶艺、少数民族茶艺演示	8
			2）少数民族茶艺演示 ①侗族打油茶 ②藏族酥油茶 ③白族三道茶		
		（6）茶艺演示组织及文化内涵阐述	1）组织并演示茶艺 ①茶艺演示的组织 ②茶艺主题设计 ③茶艺演示的程序	（1）方法：讲授法、情景表演法 （2）重点：茶艺演示的组织 （3）难点：茶艺演示的文化内涵	10
			2）茶艺演示的文化内涵阐述 ①茶艺演示的历史、地域、民族特色 ②茶艺演示的美学知识 ③茶艺演示的主题表达		
3. 茶间服务	3–1 茶事推介	（1）茶叶传说、典故	1）茶起源之说	（1）方法：讲授法 （2）重点与难点：各地名茶典故	4
			2）各地名茶典故 ①龙井茶与虎跑泉的传说 ②黄山毛峰的传说 ③铁观音的传说 ④大红袍的传说 ⑤君山银针的传说 ⑥白毫银针的传说 ⑦茉莉花茶的传说		

续表

模块	课程	学习单元	课程内容	培训建议	课堂学时
3. 茶间服务	3–1 茶事推介	（2）茶叶的审评	1）茶叶审评的专业术语 ①形状 ②整碎 ③色泽 ④净度 ⑤香气 ⑥汤色 ⑦滋味 ⑧叶底	（1）方法：讲授法、实训（练习）法 （2）重点与难点：能用评茶专业术语向宾客介绍茶叶	2
			2）通俗介绍茶叶的色、香、味、形		
		（3）介绍选购紫砂茶具技巧	1）紫砂茶具的特点 ①紫砂茶具的主要器型 ②紫砂茶具的历代名家	（1）方法：讲授法、实物示教法 （2）重点：紫砂茶具的特点 （3）难点：紫砂茶具的选购方法	2
			2）紫砂茶具的选购方法 ①选购紫砂茶具的基本方法 ②购买时的注意事项		
		（4）介绍选购瓷器茶具技巧	1）瓷器茶具的特点	（1）方法：讲授法、实物示教法 （2）重点：瓷器茶具的特点 （3）难点：瓷器茶具的选购方法	2
			2）瓷器茶具的选购方法 ①选购瓷器茶具的基本方法 ②购买时的注意事项		
		（5）介绍茶具养护知识	1）紫砂茶具的养护知识 ①新壶如何养护 ②常用的紫砂茶具如何保养	（1）方法：讲授法、实物示教法 （2）重点与难点：各类茶具的保养方法	2
			2）瓷器茶具的养护知识 ①青瓷、白瓷茶具如何保养 ②汝窑茶具如何保养 ③建盏如何保养		
			3）其他茶具的养护知识 ①玻璃茶具的养护 ②金属茶具的养护 ③竹木茶具的养护		

续表

模块	课程	学习单元	课程内容	培训建议	课堂学时
3. 茶间服务	3-2 营销服务	（1）根据市场调配茶叶、茶具	1）营销基本知识 ①心理学知识 ②营销知识 ③正确引导宾客消费 2）根据市场需求进行调配 ①掌握需求动态变化 ②引导、刺激需求	（1）方法：讲授法、案例教学法 （2）重点：营销基础知识 （3）难点：根据市场需求进行调配	3
		（2）根据季节、节假日制订配备计划	1）根据不同季节进行选配 ①春夏秋冬选配原则 ②春夏秋冬选配的方法 2）根据各种节假日进行选配 ①不同节假日的选配原则 ②不同节假日的选配方法	（1）方法：讲授法 （2）重点与难点：不同季节、节假日的选配原则	2
		（3）初步设计和实施茶事展销活动	1）茶事展销活动的设计 ①了解茶艺馆经营属性 ②了解茶艺馆的规模、性质 ③了解茶事展销活的内容、时间 2）茶事展销活动的实施 ①茶事展销活动前的准备 ②茶事展销活动的实施 ③茶事展销活动的收尾工作	（1）方法：讲授法 （2）重点与难点：茶事展销活动的设计	3
课堂学时合计					90

2.2.5 二级 / 技师职业技能培训课程规范

模块	课程	学习单元	课程内容	培训建议	课堂学时
1. 茶艺馆创意	1-1 茶艺馆规划	（1）茶艺馆的选址	1）调查周边自然环境与人文环境 2）茶艺馆选址对客源情况的基本要求 3）茶艺馆选址对地段的基本要求 4）茶艺馆选址对交通的基本要求 5）茶艺馆选址对周边环境的基本要求 6）茶艺馆选址对能源供应的基本要求 7）茶艺馆选址对后备服务的基本要求	（1）方法：讲授法 （2）重点：茶艺馆选址基本要求 （3）难点：根据当地的发展状况进行茶艺馆选址	1

续表

模块	课程	学习单元	课程内容	培训建议	课堂学时
1. 茶艺馆创意	1-1　茶艺馆规划	（2）茶艺馆的定位	1）茶艺馆特色定位 ①茶艺馆设计基本知识 ②茶艺馆装饰格调的基本类型：仿古、园林、民族 ③茶艺馆装饰档次定位与消费群体 ④当地人文环境与茶艺馆风格定位关系	（1）方法：讲授法 （2）重点：茶艺馆特色定位 （3）难点：消费群体对茶艺馆定位的影响	2
			2）茶艺馆经营风格定位 ①茶艺馆经营目标 ②茶艺馆经营理念 ③茶艺馆经营策略		
			3）茶艺馆功能定位 ①单一型 ②复合型 ③连锁经营型 ④体验馆		
		（3）茶艺馆的布局	1）茶艺馆风格布局	（1）方法：讲授法 （2）重点与难点：茶艺馆风格布局	1
			2）茶艺馆休闲氛围营造		
			3）茶艺馆艺术性的体现		
	1-2　茶艺馆布置	（1）茶艺馆布置	1）茶艺馆不同区域的分割	（1）方法：讲授法、案例教学法 （2）重点与难点：茶艺馆功能区布置的基本要求	2
			2）茶艺馆不同区域的布置 ①品茗区的布置基本要求 ②多功能区的布置基本要求 ③文化活动区的布置基本要求 ④商品展示区的布置基本要求 ⑤服务台的布置基本要求 ⑥茶艺展示台的布置基本要求 ⑦茶水房的布置基本要求 ⑧茶点房的布置基本要求		

续表

模块	课程	学习单元	课程内容	培训建议	课堂学时
1. 茶艺馆创意	1–2　茶艺馆布置	（2）茶艺馆陈列柜与服务台的布置	1）茶艺馆陈列柜布置 ①陈列柜的基本要求 ②陈列物品布置类型	（1）方法：讲授法、实物示教法 （2）重点与难点：陈列柜和服务台布置的要求	2
			2）茶艺馆服务台布置 ①茶艺馆服务台基本功能和要求 ②茶艺馆服务台基本位置的确定		
		（3）茶艺馆品茗区的布置	1）中式风格品茗区布置方法	（1）方法：讲授法、案例教学法 （2）重点与难点：品茗区布置的方法	2
			2）日式风格品茗区布置方法		
			3）韩式风格品茗区布置方法		
			4）欧美风格品茗区布置方法		
2. 茶事活动	2–1　茶艺演示	（1）仿古茶艺演示	1）仿唐茶艺演示	（1）方法：讲授法、演示法 （2）重点：仿古茶艺演示方法、步骤 （3）难点：仿古茶艺演示的技巧	8
			2）仿宋茶艺演示		
			3）仿明茶艺演示		
			4）仿清茶艺演示		
		（2）日本茶道演示	1）日本茶道基本知识与文化内涵	（1）方法：讲授法、实物示教法 （2）重点：日本茶道演示方法、步骤 （3）难点：日本茶道的文化内涵	4
			2）日本茶道演示过程 ①抹茶茶道 ②煎茶茶道		
		（3）韩国茶礼演示	1）韩国茶礼基本知识和文化内涵	（1）方法：讲授法、实物示教法 （2）重点：韩国茶礼演示方法、步骤 （3）难点：韩国茶礼的文化内涵	4
			2）韩国茶礼演示过程		
		（4）英式下午茶演示	1）英式下午茶基本知识和文化内涵	（1）方法：讲授法、实物示教法 （2）重点：英式下午茶演示方法、步骤 （3）难点：英式下午茶的文化内涵	2
			2）英式下午茶演示过程		

续表

模块	课程	学习单元	课程内容	培训建议	课堂学时
2. 茶事活动	2–1 茶艺演示	（5）茶艺专用外语的应用	1）情景对话 2）茶艺常用词汇 3）茶艺常用句式	（1）方法：讲授法、实训（练习）法 （2）重点与难点：茶艺专用外语的应用	4
	2–2 茶会组织	（1）中、小型茶会的策划	1）茶会类型 ①根据目的区分茶会类型（节日茶会、纪念茶会、喜庆茶会、研讨茶会、品尝茶会、艺术茶会、联谊茶会、交流茶会、节气茶会） ②根据年代区分茶会类型（古代茶会、现代茶会） ③根据规模区分茶会类型（中、小型茶会，大型茶会） 2）中、小型茶会的策划 ①策划方式 ②策划方案	（1）方法：讲授法 （2）重点与难点：设计中、小型茶会策划方案	8
		（2）设计茶会的实施方案	茶会活动实施方案的内容 ①茶会主题 ②茶会规模 ③参加对象 ④时间安排 ⑤茶会性质 ⑥茶会形式 ⑦茶会地点 ⑧费用预算	（1）方法：讲授法、讨论法 （2）重点与难点：茶会实施方案的内容	6
		（3）准备、组织茶会	1）茶会的准备 ①横幅的设计 ②场地布置 ③物品准备 ④休息室准备 ⑤告示 ⑥指引牌 ⑦会议资料 ⑧人员培训 2）茶会的组织	（1）方法：讲授法、讨论法 （2）重点与难点：茶会的准备	2
		（4）茶会的主持	茶会主持基本技巧 ①熟悉茶会流程 ②不同类型茶会的注意事项	（1）方法：讲授法、讨论法 （2）重点与难点：茶会主持的技巧	2

续表

模块	课程	学习单元	课程内容	培训建议	课堂学时
3. 业务管理（茶事管理）	3–1 服务管理	（1）茶艺馆服务流程及服务规范	1）茶艺馆的服务流程 ①准备工作 ②接待工作 ③检查工作	（1）方法：讲授法、案例教学法 （2）重点：茶艺馆的服务流程 （3）难点：茶艺馆的服务规范	2
			2）茶艺馆服务规范 ①茶艺馆各岗位职责 ②服务要求 ③安全要求		
		（2）对低级别茶艺服务人员的指导	1）根据不同情况进行指导	（1）方法：讲授法、讨论法 （2）重点与难点：根据不同情况进行指导	1
			2）根据专业水平进行指导		
			3）组织考核		
		（3）检查指导茶艺师的服务工作	1）制度执行情况检查	（1）方法：讲授法、讨论法 （2）重点与难点：对茶艺师服务工作检查指导的内容	1
			2）工作流程检查		
			3）工作现场检查		
			4）安全检查		
		（4）茶艺馆服务管理方案	1）制定茶艺馆服务管理方案 ①服务的程序化 ②服务的标准化 ③服务的技巧化 ④服务质量管理	（1）方法：讲授法、案例教学法 （2）重点与难点：制定茶艺馆服务管理方案	1
			2）茶艺馆服务管理方案的实施		
		（5）策划活动方案	1）茶艺活动方案的概念、特点	（1）方法：讲授法、案例教学法 （2）重点与难点：茶艺活动方案的编写	1
			2）茶艺活动方案的编写 ①茶艺馆庆典服务方案 ②茶艺馆促销活动方案 ③茶艺馆表演活动方案		

续表

模块	课程	学习单元	课程内容	培训建议	课堂学时
3. 业务管理（茶事管理）	3–1　服务管理	(6) 对茶叶、茶具的质量检查	1）对茶艺馆茶叶的质量检查 ①茶叶的含水量 ②茶叶的色泽辨别	(1) 方法：讲授法 (2) 重点与难点：茶叶、茶具质量检查的标准	2
			2）对茶艺馆茶具的质量检查 ①茶具有无破损 ②茶具的清洁 ③有无消毒柜		
			3）检查的流程 ①茶叶的检查 ②茶具的检查		
		(7) 对茶艺馆安全的检查	1）对茶艺馆安全的检查 ①茶叶与茶具的安全检查 ②设施的安全检查 ③场所的安全检查	(1) 方法：讲授法 (2) 重点与难点：对茶艺馆安全进行检查	2
			2）对安全问题进行改进		
		(8) 宾客投诉的处理	1）处理投诉原则	(1) 方法：讲授法、案例教学法 (2) 重点与难点：处理宾客投诉的技巧	2
			2）处理投诉程序		
			3）处理投诉技巧		
	3–2　茶艺培训	(1) 茶艺培训计划的编写与实施	1）茶艺培训计划的编写 ①培训类型 ②培训对象 ③培训内容 ④费用预算	(1) 方法：讲授法、讨论法 (2) 重点：茶艺培训计划的实施 (3) 难点：茶艺培训计划的编写	2
			2）茶艺培训计划的实施		
		(2) 茶艺人员的培训	1）培训组织流程 ①培训前准备 ②培训过程控制 ③培训评估	(1) 方法：讲授法、讨论法 (2) 重点与难点：茶艺培训的组织技巧	2
			2）培训组织技巧 ①岗前培训 ②在职人员的培训		

续表

模块	课程	学习单元	课程内容	培训建议	课堂学时
3. 业务管理（茶事管理）	3-2　茶艺培训	（3）茶艺演示队伍的组建	组建演示队伍 ①性质 ②规模 ③人数 ④发展方向 ⑤组织领导	（1）方法：讲授法 （2）重点与难点：茶艺演示队伍的组建	2
		（4）茶艺演示队伍的训练	训练演示队伍 ①训练方法 ②训练效果评估 ③管理制度	（1）方法：讲授法、实训（练习）法 （2）重点与难点：茶艺演示队伍的训练方法	2
课堂学时合计					70

2.2.6　一级 / 高级技师职业技能培训课程规范

模块	课程	学习单元	课程内容	培训建议	课堂学时
1. 茶饮服务	1-1　品评服务	（1）茶饮的特点	不同类型茶饮基本知识 ①传统茶饮与现代茶饮 ②清饮与调饮 ③民族茶饮与民俗茶饮	（1）方法：讲授法 （2）重点与难点：根据需求提供不同茶饮	2
		（2）茶饮的创新和设计	1）茶饮创新基本原理 ①对传统茶饮的创新 ②调饮的创新（不同主题、不同技艺、不同物料） ③清饮的创新（不同年份、不同种类、不同技艺、不同主题）	（1）方法：讲授法 （2）重点与难点：茶饮创新的原理	2
			2）茶饮创新设计		
		（3）茶叶的审评	茶叶质量和等级审评 ①五项因子、八项因子等茶叶品质鉴定方法的综合运用 ②运用八项因子进行茶叶品质审评结果评判	（1）方法：讲授法 （2）重点与难点：茶叶品质审评方法	2

续表

模块	课程	学习单元	课程内容	培训建议	课堂学时
1. 茶饮服务	1–2 茶健康服务	(1) 茶健康知识	1) 六大茶类的保健功能 2) 六大茶类保建功能运用	(1) 方法：讲授法 (2) 重点与难点：六大茶类保健功能的运用	1
		(2) 保健茶饮	1) 保健茶饮配置原则 2) 常见保健茶饮配置参考方案	(1) 方法：讲授法 (2) 重点与难点：保健茶饮配置原则	1
		(3) 茶养生知识	1) 根据宾客健康状况，运用茶的各项保健功能提出预防疾病建议 2) 运用四季饮茶规律与茶的养生功效提出日常养生方案 3) 能利用茶叶功效配置茶食茶点、茶保健品，利用茶叶功效配置茶食、茶点、茶保健品并提出调理方案 4) 常见茶预防、养生、调理参考建议	(1) 方法：讲授法 (2) 重点与难点：茶在预防、养生、调理身体上的运用	2
2. 茶事创作	2–1 茶艺编创	(1) 茶艺编创相关知识	1) 茶艺演示编创基本原理 2) 茶艺编创历史依据 3) 茶艺编创的民俗依据 4) 茶艺编创的传统与创新	(1) 方法：讲授法、案例教学法 (2) 重点、难点：茶艺编创原理	4
		(2) 根据茶叶营销需要进行茶艺编创	结合营销目标进行茶艺演示主题编创	(1) 方法：讲授法、案例教学法 (2) 重点与难点：茶艺演示与营销活动的结合	4
		(3) 美学知识的运用	1) 茶艺美学 2) 服饰美学 3) 书画运用 4) 场景美学	(1) 方法：讲授法、案例教学法 (2) 重点与难点：美学知识的运用	4
		(4) 解说词的编写	1) 茶艺编创写作 ①茶艺文化内涵阐述 ②茶艺编创写作格式与内容 2) 茶艺解说 ①茶艺解说编写格式与内容 ②茶艺演示程序与解说的配合	(1) 方法：讲授法、案例教学法 (2) 重点：解说词的编写 (3) 难点：对茶文化内涵的了解	4

续表

模块	课程	学习单元	课程内容	培训建议	课堂学时
2. 茶事创作	2–2 茶会创新	（1）茶会的创意设计	茶会的不同类型与创意设计 ①茶会的类型 ②茶会的创意设计	（1）方法：讲授法 （2）重点与难点：不同类型茶会的特点	4
		（2）大型茶会的组织	1）大型茶会创意设计的原则 ①多样性 ②区域性、国际性 ③多种文化共融性	（1）方法：讲授法、案例教学法 （2）重点与难点：大型茶会的组织与执行	6
			2）大型茶会的组织与执行 ①茶会准备 ②人员培训与分工 ③物品准备 ④现场布置 ⑤程序设定 ⑥茶会主持 ⑦茶会摄影 ⑧媒体宣传		
		（3）各国茶会的组织与介绍	各国不同风格茶会的组织与介绍 ①韩国茶会 ②英国下午茶茶会 ③日本茶会	（1）方法：讲授法 （2）重点与难点：各国不同风格茶会的特点	4
3. 业务管理（茶事管理）	3–1 经营管理	（1）茶艺馆经营管理	1）制订茶艺馆的经营管理计划 ①茶艺馆的经营特点 ②茶艺馆企业文化建设 ③茶艺馆的业务计划 ④茶艺馆经营日常工作内容	（1）方法：讲授法、案例教学法 （2）重点与难点：制订茶艺馆的经营管理计划	2
			2）茶艺馆经营管理计划的实施		
		（2）茶艺馆的营销计划	1）茶艺馆营销的基本法则	（1）方法：讲授法、案例教学法 （2）重点与难点：茶艺馆营销计划制订方法	1
			2）茶艺馆营销计划制订方法		
			3）茶艺馆营销计划落实的注意事项		
		（3）茶艺馆的成本核算	1）成本核算相关知识	（1）方法：讲授法、案例教学法 （2）重点与难点：成本核算相关知识	1
			2）茶饮的定价		
			3）商品的定价		

续表

模块	课程	学习单元	课程内容	培训建议	课堂学时
3. 业务管理（茶事管理）	3-1 经营管理	（4）茶艺馆的相关业务	1）茶点的相关知识 ①茶点的品种 ②茶点的搭配 2）茶宴的相关知识 ①茶宴的种类 ②茶宴的形式	（1）方法：讲授法 （2）重点与难点：茶宴相关知识	2
		（5）茶艺馆的文创产品	1）茶艺馆文创产品的概念 2）茶艺馆文创产品的类型 3）茶艺馆文创产品的开发应用	（1）方法：讲授法、案例教学法 （2）重点与难点：茶艺馆文创产品的开发	2
		（6）茶艺馆的相关茶事活动	1）茶文化旅游的基本知识 ①茶与游 ②茶与购 ③茶与娱乐 ④茶与饮食 2）茶事活动策划 ①活动目的 ②活动主题 ③组织机构 ④活动对象 ⑤活动安排 ⑥活动准备 ⑦活动流程 ⑧经费预算 ⑨注意事项	（1）方法：讲授法、案例教学法 （2）重点与难点：茶事活动的策划	2
	3-2 人员培训	（1）茶艺培训	1）茶艺培训工作概述 2）编写培训讲义 ①培训讲义概述 ②培训讲义编写原则 ③培训讲义编写程序	（1）方法：讲授法 （2）重点与难点：茶艺培训讲义的编写	2
		（2）对技师的指导	1）技师指导的主要内容 ①综合能力的提升 ②管理意识的提升 2）编写技师指导方案	（1）方法：讲授法、案例教学法 （2）重点与难点：对技师的指导方案	2

续表

模块	课程	学习单元	课程内容	培训建议	课堂学时
3. 业务管理（茶事管理）	3-2 人员培训	（3）茶艺馆全员的培训	1）全员培训的策划 ①不同层面的培训 ②单一店面的培训 ③连锁店面的培训 ④综合茶艺馆线上、线下的培训	（1）方法：讲授法、案例教学法 （2）重点与难点：全员培训的策划	2
			2）全员培训的组织		
		（4）茶艺馆培训总结	1）茶艺馆培训情况分析 ①培训现状描述 ②培训经验与不足	（1）方法：讲授法、案例教学法 （2）重点与难点：培训情况的总结	2
			2）茶艺馆培训情况总结 ①培训评估 ②培训改善建议		
		（5）茶业调研报告、论文的撰写	1）茶业调研报告的撰写 ①确定调研方向和目的 ②确定调研对象、范围、时间 ③制订调研提纲和调研计划 ④调研报告写作要求	（1）方法：讲授法、案例教学法 （2）重点与难点：专题论文的撰写	2
			2）专题论文的撰写 ①确定选题 ②收集文献和资料 ③分析整理、撰写初稿 ④论文写作格式 ⑤注意事项		
课堂学时合计					60

2.2.7 培训建议中培训方法说明

1. 讲授法

讲授法指教师主要运用语言讲述，系统地向学员传授知识，传播思想理念。即教师通过叙述、描绘、解释、推论来传递信息、传授知识、阐明概念、论证定律和公式，引导学员获取知识，认识和分析问题。

2. 讨论法

讨论法指在教师的指导下，学员以班级或小组为单位，围绕学习单元的内容，对某一专题进行深入探讨，通过讨论或辩论活动，从而获得知识或巩固知识的一种教学方法，要求教师在讨论结束时对讨论的主题做归纳性总结。

3. 实训（练习）法

实训（练习）法指学员在教师的指导下巩固知识、运用知识，形成技能技巧的方法。通过实际操作的练习，形成操作技能。

4. 参观法

参观法指教师组织或指导学员进行实地观察、调查、研究和学习，使学员获得新知识或巩固已学知识的教学方法。参观教学法可细分为准备性参观、并行性参观、总结性参观等。

5. 演示法

演示法指在教学过程中，教师通过示范操作和讲解使学员获得知识、技能的教学方法。教学中，教师对操作内容进行现场演示，边操作边讲解，强调操作的关键步骤和注意事项，使学员边学边做，理论与技能并重，师生互动，提高学生的学习兴趣和学习效率。

6. 案例教学法

案例教学法指通过对案例进行分析，提出问题，分析问题，并找到解决问题的途径和手段，培养学员分析问题、处理问题的能力。

7. 项目教学法

项目教学法指以实际应用为目的，将理论知识与实际工作相结合，通过师生共同完成一个完整的项目工作，使学员获得知识和实践操作能力与解决实际问题能力的教学方法。其实施以小组为学习单位，步骤一般分为确定项目任务、计划、决策、实施、检查和评价 6 个步骤。强调学员在学习过程中的主体地位，以学员为中心，以学员学习为主、教师指导为辅，通过完成教学项目，激发学员的学习积极性，使学员既获得相关理论知识，又掌握实践技能和工作方法，提高学员解决实际问题的综合能力。

8. 角色扮演法

角色扮演法指学员通过不同角色的扮演，体验自身角色的内涵活动和对方角色的心理，充分展现各种角色的“为”和“位”。在茶馆、茶庄服务员角色扮演中的“角色”一般分为服务者和消费者两大类角色，学员通过角色扮演，学习和运用服务技能，以达到能够为消费者提供服务的标准。

9. 情景表演法

情景表演法指教师在实施培训前事先准备和布置培训现场，并设定情景表演的情景、对话内容及评估标准，通过学员现场的情景表演活动以及教师对活动效果的及时评估，从而达到培训的预期效果。

10. 实物示教法

实物示教法指教师通过实物的操作演示或对学员实物操作演示的评价，实现对学员技能操作步骤和要领掌握情况的检查、纠错、修正，并演示正确操作方法的一种教学方法。

11. 观摩法

观摩法指让学员通过现场观摩、观看视频等形式，学习、获取知识、技能的一种教学方法。

2.3 考核规范

2.3.1 职业基本素质培训考核规范

考核范围	考核比重（%）	考核内容	考核比重（%）	考核单元
1. 职业认知与职业道德	12	1–1 职业认知	4	职业认知
		1–2 职业道德基本知识	4	道德与职业道德修养
		1–3 职业守则	4	职业守则
2. 茶文化基本知识	10	2–1 中国茶文化	6	中国茶文化
		2–2 外国茶文化	4	外国茶文化
3. 茶叶知识	20	3–1 茶树基本知识	6	茶树基本知识
		3–2 茶叶种类及鉴别	10	（1）茶叶种类
				（2）茶叶加工工艺及特点
				（3）中国名茶及其产地
				（4）茶叶品质鉴别
		3–3 茶叶储存与产销	4	茶叶储存与产销

续表

考核范围	考核比重（%）	考核内容	考核比重（%）	考核单元
4. 茶具知识	10	4-1　茶具的发展和种类	5	茶具的发展和种类
		4-2　各类茶具特色	5	各类茶具特色
5. 品茗用水知识	10	5-1　品茗与用水的关系	5	品茗与用水的关系
		5-2　品茗用水的分类与选择方法	5	品茗用水的分类与选择方法
6. 茶艺基本知识	10	茶艺基本知识	10	茶艺基本知识
7. 茶与健康及科学饮茶	10	7-1　茶与健康	5	茶与健康
		7-2　科学饮茶	5	科学饮茶
8. 食品与茶叶营养卫生	6	食品与茶叶营养卫生	3	（1）食品与茶叶卫生基础知识
			3	（2）饮食业食品卫生制度
9. 劳动安全基本知识	6	劳动安全基本知识	2	（1）安全生产
			2	（2）安全防护
			2	（3）安全生产事故报告
10. 相关法律法规知识	6	相关法律法规知识	6	相关法律法规知识

2.3.2　五级 / 初级职业技能培训理论知识考核规范

考核范围	考核比重（%）	考核内容	考核比重（%）	考核单元
1. 接待准备	40	1-1　仪表准备	8	（1）仪容准备
			10	（2）仪态要求
			10	（3）服务语言及运用
		1-2　茶室准备	2	（1）茶室环境准备
			4	（2）茶具用品准备
			4	（3）茶室设备准备
			1	（4）消防安全准备
			1	（5）防毒安全准备

续表

考核范围	考核比重（%）	考核内容	考核比重（%）	考核单元
2. 茶艺服务	40	2-1 冲泡备器	2	（1）区分六大茶类
			2	（2）选取茶叶
			2	（3）选用冲泡器皿
			2	（4）选择和使用备水、烧水器具
		2-2 冲泡演示	8	（1）根据茶类确定投茶量和水量比例
			8	（2）根据茶叶类型选择冲泡水温和浸泡时间
			8	（3）选择茶具和冲泡方法
			8	（4）品饮方法
3. 茶间服务	20	3-1 茶饮推介	2	（1）运用交谈礼仪了解宾客需求
			2	（2）根据茶叶特性推荐茶饮
			2	（3）根据季节推荐茶饮
		3-2 商品销售	2	（1）记账、结账
			3	（2）茶叶的销售
			3	（3）普通茶具的销售
			3	（4）茶叶、茶具包装
			3	（5）售后服务

2.3.3 五级 / 初级职业技能培训操作技能考核规范

考核范围	考核比重（%）	考核内容	考核比重（%）	考核形式	选考方式	考核时间（分钟）	重要程度
1. 接待准备	30	1-1 仪表准备	20	笔试	必考	20	X
		1-2 茶室准备	10	实操	必考	10	Y
2. 茶艺服务	50	2-1 冲泡备器	20	实操	必考	10	Y
		2-2 冲泡演示	30	实操	必考	20	X
3. 茶间服务	20	3-1 茶饮推介	10	口试	必考	10	X
		3-2 商品销售	10	笔试	必考	10	Y

2.3.4 四级 / 中级职业技能培训理论知识考核规范

考核范围	考核比重（%）	考核内容	考核比重（%）	考核单元
1. 接待准备	40	1-1 礼仪接待	8	（1）接待礼仪与技巧基本知识
			2	（2）根据地区特点进行礼仪接待
			2	（3）根据民族风俗进行礼仪接待
			2	（4）根据宗教信仰进行礼仪接待
			2	（5）根据宾客特点进行针对性接待
		1-2 茶室布置	6	（1）合理摆放器物
			6	（2）合理摆放装饰物品
			6	（3）合理陈列茶室商品
			6	（4）调配茶叶、器物
2. 茶艺服务	40	2-1 茶艺配置	4	（1）茶的识别
			4	（2）新茶、陈茶识别
			2	（3）茶叶品质和等级识别
			6	（4）鉴别常用茶具的品质
			2	（5）茶艺台的布置
		2-2 茶艺演示	10	（1）六大茶类冲泡
			6	（2）泡茶用水
			2	（3）调饮红茶
			4	（4）生活茶艺
3. 茶间服务	20	3-1 茶品推介	2	（1）根据茶叶搭配茶点
			2	（2）根据季节搭配茶点
			2	（3）根据成分推介茶叶
			2	（4）介绍水质对茶汤的影响
			2	（5）解答常见问题
		3-2 商品销售	2	（1）茶叶保存
			2	（2）销售名优茶和特殊茶
			2	（3）销售名家茶器、定制茶具
			2	（4）选配家庭茶室用品
			2	（5）选配茶室、茶庄的茶商品

2.3.5　四级 / 中级职业技能培训操作技能考核规范

考核范围	考核比重（%）	考核内容	考核比重（%）	考核形式	选考方式	考核时间（分钟）	重要程度
1. 接待准备	30	1–1　礼仪接待	20	笔试	必考	20	X
		1–2　茶室布置	10	实操	必考	15	Y
2. 茶艺服务	50	2–1　茶艺配置	20	实操	必考	10	Y
		2–2　茶艺演示	30	实操	必考	20	X
3. 茶间服务	20	3–1　茶品推介	10	口试	必考	10	X
		3–2　商品销售	10	笔试	必考	10	Y

2.3.6　三级 / 高级职业技能培训理论知识考核规范

考核范围	考核比重（%）	考核内容	考核比重（%）	考核单元
1. 接待准备	30	1–1　礼仪接待	8	（1）不同国家接待礼仪
			4	（2）英语问候与沟通
			8	（3）特殊宾客接待
		1–2　茶事准备	2	（1）鉴别茶叶品质
			2	（2）鉴别高山茶、台地茶
			3	（3）识别常用瓷器茶具款式及质量
			3	（4）识别常用陶器茶具款式及质量
2. 茶艺服务	40	2–1　茶席设计	2	（1）根据题材设计茶席
			1	（2）根据茶品、茶具、铺垫物品等设计茶席
			1	（3）根据少数民族茶俗进行茶席设计
			1	（4）根据茶席设计进行茶器搭配
			1	（5）根据主题配置相关器物

续表

考核范围	考核比重（%）	考核内容	考核比重（%）	考核单元
2. 茶艺服务		2-2　茶艺演示	8	（1）茶艺演示台布置及插花、熏香、茶挂
			8	（2）茶艺演示的服饰
			4	（3）茶艺演示的音乐
			4	（4）茶艺演示内容
			6	（5）民俗茶艺及少数民族茶艺
			4	（6）茶艺演示组织及文化内涵阐述
3. 茶间服务	30	3-1　茶事推介	4	（1）茶叶传说、典故
			6	（2）茶叶的审评
			4	（3）介绍选购紫砂茶具技巧
			4	（4）介绍选购瓷器茶具技巧
			4	（5）介绍茶具养护知识
		3-2　营销服务	3	（1）根据市场调配茶叶、茶具
			3	（2）根据季节、节假日制订配备计划
			2	（3）初步设计和实施茶事展销活动

2.3.7　二级 / 高级职业技能培训操作技能考核规范

考核范围	考核比重（%）	考核内容	考核比重（%）	考核形式	选考方式	考核时间（分钟）	重要程度
1. 接待准备	30	1-1　礼仪接待	20	笔试	必考	20	X
		1-2　茶事准备	10	实操	必考	10	Y
2. 茶艺服务	40	2-1　茶席设计	16	笔试	必考	10	Y
		2-2　茶艺演示	24	实操	必考	20	X
3. 茶间服务	30	3-1　茶事推介	15	实操	必考	10	Y
		3-2　营销服务	15	笔试	必考	15	Z

2.3.8 二级 / 技师职业技能培训理论知识考核规范

考核范围	考核比重（%）	培训内容（课程）	考核比重（%）	学习单元
1. 茶艺馆创意	20	1–1 茶艺馆规划	3	（1）茶艺馆的选址
			3	（2）茶艺馆的定位
			4	（3）茶艺馆的布局
		1–2 茶艺馆布置	4	（1）茶艺馆布置
			3	（2）茶艺馆陈列柜与服务台的布置
			3	（3）茶艺馆品茗区的布置
2. 茶事活动	40	2–1 茶艺演示	4	（1）仿古茶艺演示
			4	（2）日本茶道演示
			4	（3）韩国茶礼演示
			4	（4）英式下午茶演示
			4	（5）茶艺专用外语的应用
		2–2 茶会组织	5	（1）中、小型茶会的策划
			5	（2）设计茶会的实施方案
			6	（3）准备、组织茶会
			4	（4）茶会的主持
3. 业务管理（茶事管理）	40	3–1 服务管理	6	（1）茶艺馆服务流程及服务规范
			4	（2）对低级别茶艺服务人员的指导
			4	（3）检查指导茶艺师的服务工作
			4	（4）茶艺馆服务管理方案
			3	（5）策划活动方案
			3	（6）对茶叶、茶具的质量检查
			2	（7）对茶艺馆安全的检查
			2	（8）宾客投诉的处理
		3–2 茶艺培训	3	（1）茶艺培训计划的编写与实施
			3	（2）茶艺人员的培训
			3	（3）茶艺演示队伍的组建
			3	（4）茶艺演示队伍的训练

2.3.9 二级 / 技师职业技能培训操作技能考核规范

考核范围	考核比重（%）	考核内容	考核比重（%）	考核形式	选考方式	考核时间（分钟）	重要程度
1. 茶艺馆创意	20	1–1 茶艺馆规划	10	笔试	必考	20	Y
		1–2 茶艺馆布置	10	实操	必考	15	X
2. 茶事活动	40	2–1 茶艺演示	22	实操	必考	20	X
		2–2 茶会组织	18	笔试	必考	15	Y
3. 业务管理（茶事管理）	40	3–1 服务管理	20	笔试	必考	10	X
		3–2 茶艺培训	20	实操	必考	20	Y

2.3.10 一级 / 高级技师职业技能培训理论知识考核规范

考核范围	考核比重（%）	考核内容	考核比重（%）	学习单元
1. 茶饮服务	20	1–1 品评服务	4	（1）茶饮的特点
			4	（2）茶饮的创新和设计
			4	（3）茶叶的审评
		1–2 茶健康服务	3	（1）茶健康知识
			3	（2）保健茶饮
			2	（3）茶养生知识
2. 茶事创作	40	2–1 茶艺编创	5	（1）茶艺编创相关知识
			5	（2）根据茶叶营销需要进行茶艺编创
			5	（3）美学知识的运用
			5	（4）解说词的编写
		2–2 茶会创新	6	（1）茶会的创意设计
			7	（2）大型茶会的组织
			7	（3）各国茶会的组织与介绍
3. 业务管理（茶事管理）	40	3–1 经营管理	5	（1）茶艺馆经营管理
			5	（2）茶艺馆的营销计划
			2	（3）茶艺馆的成本核算
			2	（4）茶艺馆的相关业务
			3	（5）茶艺馆的文创产品
			3	（6）茶艺馆的相关茶事活动

续表

考核范围	考核比重（%）	考核内容	考核比重（%）	学习单元
3. 业务管理（茶事管理）		3–2 人员培训	4	（1）茶艺培训
			4	（2）对技师的指导
			4	（3）茶艺馆全员的培训
			4	（4）茶艺馆培训总结
			4	（5）茶业调研报告、论文的撰写

2.3.11 一级 / 高级技师职业技能培训操作技能考核规范

考核范围	考核比重（%）	考核内容	考核比重（%）	考核形式	选考方式	考核时间（分钟）	重要程度
1. 茶饮服务	20	1-1 品评服务	12	实操	必考	15	X
		1-2 茶健康服务	8	笔试	必考	20	Y
2. 茶事创作	40	2-1 茶艺编创	20	笔试	必考	15	X
		2-2 茶会创新	20	实操	必考	15	Y
3. 业务管理（茶事管理）	40	3-1 经营管理	20	笔试	必考	10	X
		3-2 人员培训	20	实操	必考	20	Y

附录

培训要求与课程规范对照表

附录 1　职业基本素质培训要求与课程规范对照表

<table>
<tr><th colspan="3">2.1.1　职业基本素质培训要求</th><th colspan="4">2.2.1　职业基本素质培训课程规范</th></tr>
<tr><th>职业基本素质模块（模块）</th><th>培训内容（课程）</th><th>培训细目</th><th>学习单元</th><th>课程内容</th><th>培训建议</th><th>课堂学时</th></tr>
<tr><td rowspan="11">1. 职业认知与职业道德</td><td rowspan="3">1-1　职业认知</td><td rowspan="3">（1）茶艺的概念
（2）茶艺师简介
（3）茶艺师的岗位职责</td><td rowspan="3">职业认知</td><td>1）茶艺的概念
①茶艺的定义
②茶艺的类型
③茶艺的特点</td><td rowspan="3">（1）方法：讲授法
（2）重点与难点：茶艺师的岗位职责</td><td rowspan="3">2</td></tr>
<tr><td>2）茶艺师简介</td></tr>
<tr><td>3）茶艺师的岗位职责</td></tr>
<tr><td rowspan="3">1-2　职业道德基本知识</td><td rowspan="3">（1）道德修养
（2）职业道德修养</td><td rowspan="3">道德与职业道德修养</td><td>1）道德</td><td rowspan="3">（1）方法：讲授法、案例教学法
（2）重点与难点：加强职业道德修养</td><td rowspan="3">2</td></tr>
<tr><td>2）职业道德的概念</td></tr>
<tr><td>3）加强职业道德修养
①遵守职业道德的必要性
②职业道德的基本准则
③培养职业道德的途径</td></tr>
<tr><td rowspan="5">1-3　职业守则</td><td rowspan="5">茶艺师职业守则</td><td rowspan="5">职业守则</td><td>1）热爱专业，忠于职守</td><td rowspan="5">（1）方法：讲授法、案例教学法
（2）重点与难点：茶艺师的职业守则</td><td rowspan="5">1</td></tr>
<tr><td>2）遵纪守法，文明经营</td></tr>
<tr><td>3）礼貌待客，热情服务</td></tr>
<tr><td>4）真诚守信，一丝不苟</td></tr>
<tr><td>5）钻研业务，精益求精</td></tr>
</table>

续表

2.1.1 职业基本素质培训要求			2.2.1 职业基本素质培训课程规范			
职业基本素质模块（模块）	培训内容（课程）	培训细目	学习单元	课程内容	培训建议	课堂学时
2. 茶文化基本知识	2–1 中国茶文化	（1）中国茶的源流 （2）唐代、宋代、明清、当代饮茶方法的演变 （3）中国茶文化精神 （4）中国饮茶风俗 （5）茶与非物质文化遗产	中国茶文化	1）中国使用茶的源流 ①药用 ②食用 ③饮用 2）饮茶方法的演变 ①唐代煎茶 ②宋代点茶 ③明清泡茶 ④当代饮茶 3）中国茶文化精神 ① 中和之道 ② 自然之性 ③ 清雅之美 ④ 明伦之礼 4）中国饮茶风俗 ①不同历史的饮茶风俗 ②不同阶层的饮茶风俗 ③不同文化的饮茶风俗 ④不同民族的饮茶风俗 5）茶与非物质文化遗产 ①非物质文化遗产的概念 ②非物质文化遗产之茶的制作技艺 ③非物质文化遗产之茶具制作技艺 ④非物质文化遗产之制茶传承人	（1）方法：讲授法 （2）重点：中国茶文化精神及饮茶风俗 （3）难点：茶与非物质文化遗产	7
	2–2 外国茶文化	（1）茶的外传及影响 （2）外国饮茶风俗	外国茶文化	1）茶的外传及影响 ①茶外传的影响 ②茶往国外传播的途径 2）外国饮茶风俗 ①亚洲茶俗 ②欧美茶俗 ③非洲茶俗 ④其他地区茶俗	（1）方法：讲授法 （2）重点与难点：外国饮茶风俗	2

续表

2.1.1 职业基本素质培训要求			2.2.1 职业基本素质培训课程规范			
职业基本素质模块（模块）	培训内容（课程）	培训细目	学习单元	课程内容	培训建议	课堂学时
3. 茶叶知识	3-1 茶树基本知识	（1）茶树的定义 （2）茶树的起源和演变 （3）茶树的形态特征 （4）茶树的生长环境与栽培	茶树基本知识	1）茶树的定义	（1）方法：讲授法 （2）重点：茶树的演变、组成及栽培 （3）难点：茶树的栽培	1
				2）茶树的起源和演变 ①茶树的原产地 ②茶树的演变		
				3）茶树的形态特征 ①茶树的外形 ②茶树的组成		
				4）茶树的生长环境与栽培 ①茶树的生长环境 ②茶树的栽培		
	3-2 茶叶种类及鉴别	（1）茶叶种类 （2）茶叶加工工艺及特点 （3）中国名茶及其产地 （4）茶叶品质鉴别知识	（1）茶叶种类	1）茶叶分类的方法	（1）方法：讲授法、演示法、实训（练习）法 （2）重点与难点：辨识基本茶类	1
				2）基本茶类		
				3）再加工茶类		
				4）非茶之茶		
			（2）茶叶加工工艺及特点	1）按加工方式及发酵度的分类	（1）方法：讲授法、演示法、实训（练习）法 （2）重点与难点：茶叶的加工工艺及特点	2
				2）不发酵茶类的工艺及特点		
				3）半发酵茶类的工艺及特点		
				4）全发酵茶类的工艺及特点		
			（3）中国名茶及其产地	1）中国主要茶区	（1）方法：讲授法 （2）重点与难点：历史名茶及其产地	1
				2）历史名茶及其产地		
				3）现代名茶及其产地		
			（4）茶叶品质鉴别	1）茶叶品质的形成	（1）方法：讲授法、演示法、实训（练习）法 （2）重点与难点：茶叶感官审评基础知识	2
				2）茶叶感官审评基础知识		
				3）茶叶仪器审评基础知识		

续表

2.1.1 职业基本素质培训要求			2.2.1 职业基本素质培训课程规范			
职业基本素质模块（模块）	培训内容（课程）	培训细目	学习单元	课程内容	培训建议	课堂学时
3. 茶叶知识	3–3 茶叶储存与产销	（1）茶叶储存方法 （2）茶叶产销概况	茶叶储存与产销	1）茶叶的储存 ①茶叶变质的原因 ②茶叶储存的方法 2）茶叶产销概况 ①世界茶叶产销概况 ②中国茶叶产销概况	（1）方法：讲授法 （2）重点与难点：茶叶的产销	1
4. 茶具知识	4–1 茶具的发展和种类	（1）茶具的历史演变 （2）瓷器茶具及产地 （3）陶器茶具及产地 （4）其他茶具及产地	茶具的发展和种类	1）茶具的历史演变 ①器具共用时期 ②茶具专用时期 ③茶具多样时期 2）茶具的种类及产地 ①瓷器茶具及产地 ②陶器茶具及产地 ③其他茶具及产地	（1）方法：讲授法、演示法、实训（练习）法 （2）重点与难点：茶具的种类及产地	2
	4–2 各类茶具特色	（1）瓷器茶具的特色 （2）陶器茶具的特色 （3）其他茶具的特色	各类茶具特色	1）瓷器茶具 ①瓷器茶具发展历史 ②瓷器茶具的特色 2）陶器茶具 ①陶器茶具发展历史 ②陶器茶具的特色 3）其他茶具的特色（玻璃茶具、金属茶具、竹木茶具、椰壳茶具、瓦片茶具等）	（1）方法：讲授法、演示法、实训（练习）法 （2）重点：各类茶具的特色 （3）难点：各种茶具与茶叶的搭配运用	3
5. 品茗用水知识	5–1 品茗与用水的关系	（1）水的软硬度与茶的关系 （2）水温与茶的关系	品茗与用水的关系	1）水的软硬度与茶的关系 2）水温与茶的关系	（1）方法：讲授法、演示法、实训（练习）法 （2）重点与难点：水的软硬度与茶的关系	1
	5–2 品茗用水的分类与选择方法	（1）品茗用水的分类 （2）品茗用水的选择方法	品茗用水的分类与选择方法	1）品茗用水的分类 ①天水（雪水、雨水、露水及霜水） ②地水（江水、湖水、河水及井水） ③再加工水（经过处理的自来水） 2）品茗用水的选择方法 ①水的软硬度 ② pH 值与水质 ③水质对茶的影响	（1）方法：讲授法、演示法、实训（练习）法 （2）重点与难点：品茗用水的选择	1

续表

2.1.1 职业基本素质培训要求			2.2.1 职业基本素质培训课程规范			
职业基本素质模块（模块）	培训内容（课程）	培训细目	学习单元	课程内容	培训建议	课堂学时
6. 茶艺基本知识	茶艺基本知识	（1）品饮要义 （2）冲泡技巧 （3）茶点选配	茶艺基本知识	1）品饮要义 ①选茶 ②择水 ③备器 ④冲泡 ⑤品赏 ⑥茶人 ⑦礼仪 ⑧雅静	（1）方法：讲授法、演示法、实训（练习）法 （2）重点与难点：冲泡技巧	2
				2）冲泡技巧 ①投茶量 ②冲泡水温 ③注水方式 ④冲泡时间		
				3）茶点选配 ①与茶有关的饮食 ②茶点的搭配		
7. 茶与健康及科学饮茶	7-1 茶与健康	（1）茶叶主要成分 （2）茶与健康的关系	茶与健康	1）茶叶主要成分 ①茶叶的营养成分 ②茶叶的药用成分	（1）方法：讲授法、案例教学法 （2）重点与难点：茶与健康的关系	1
				2）茶与健康的关系 ①古人对茶与健康关系的认知 ②现代人对茶与健康关系的认知		
	7-2 科学饮茶	（1）根据体质选茶 （2）根据季节饮茶 （3）饮茶禁忌	科学饮茶	1）科学饮茶的基本要求	（1）方法：讲授法、案例教学法 （2）重点与难点：如何科学饮茶	1
				2）根据体质选茶		
				3）根据季节饮茶		
				4）饮茶禁忌		

续表

<table>
<tr><th colspan="3">2.1.1 职业基本素质培训要求</th><th colspan="4">2.2.1 职业基本素质培训课程规范</th></tr>
<tr><th>职业基本素质模块（模块）</th><th>培训内容（课程）</th><th>培训细目</th><th>学习单元</th><th>课程内容</th><th>培训建议</th><th>课堂学时</th></tr>
<tr><td rowspan="4">8. 食品与茶叶营养卫生</td><td rowspan="4">食品与茶叶营养卫生</td><td rowspan="4">（1）食品与茶叶卫生基础知识
（2）饮食业食品卫生制度</td><td rowspan="3">（1）食品与茶叶卫生基础知识</td><td>1）国内市场商品茶现行标准
①国家标准
②行业标准
③地方标准
④企业标准</td><td rowspan="4">（1）方法：讲授法、案例教学法
（2）重点与难点：合理运用标准及制度进行茶艺馆的经营与管理</td><td rowspan="3">1</td></tr>
<tr><td>2）国家茶叶质量卫生标准
①茶叶的质量标准
②茶叶的卫生标准
③茶叶重金属指标
④茶叶微生物检验标准</td></tr>
<tr><td>3）茶艺馆的卫生要求
①茶艺馆卫生管理
②茶叶保质
③茶具消毒
④用水卫生</td></tr>
<tr><td>（2）饮食业食品卫生制度</td><td>食品卫生制度要求</td><td>1</td></tr>
<tr><td rowspan="7">9. 劳动安全基本知识</td><td rowspan="7">劳动安全基本知识</td><td rowspan="7">（1）安全生产知识
（2）安全防护知识
（3）安全生产事故报告知识</td><td rowspan="2">（1）安全生产</td><td>1）安全用电</td><td rowspan="2">（1）方法：讲授法
（2）重点与难点：安全用电</td><td rowspan="2">1</td></tr>
<tr><td>2）安全用火</td></tr>
<tr><td rowspan="3">（2）安全防护</td><td>1）操作安全防护
①防爆
②防烫伤
③防意外</td><td rowspan="3">（1）方法：讲授法、案例教学法
（2）重点与难点：操作安全防护</td><td rowspan="3">1</td></tr>
<tr><td>2）财产安全防护
①茶室财产安全
②顾客财产安全</td></tr>
<tr><td>3）环境安全防护
①空间环境
②空气质量</td></tr>
<tr><td rowspan="2">（3）安全生产事故报告</td><td>1）安全生产事故处理法规</td><td rowspan="2">（1）方法：讲授法
（2）重点与难点：安全生产事故申报程序</td><td rowspan="2">1</td></tr>
<tr><td>2）安全生产事故申报程序</td></tr>
</table>

续表

2.1.1 职业基本素质培训要求			2.2.1 职业基本素质培训课程规范			
职业基本素质模块（模块）	培训内容（课程）	培训细目	学习单元	课程内容	培训建议	课堂学时
10. 相关法律法规知识	相关法律法规知识	（1）《中华人民共和国劳动法》相关知识 （2）《中华人民共和国劳动合同法》相关知识 （3）《中华人民共和国食品安全法》相关知识 （4）《中华人民共和国消费者权益保护法》相关知识 （5）《公共场所卫生管理条例》相关知识	相关法律法规知识	1）《中华人民共和国劳动法》 2）《中华人民共和国劳动合同法》 3）《中华人民共和国食品安全法》 4）《中华人民共和国消费者权益保护法》 5）《公共场所卫生管理条例》	（1）方法：讲授法、案例教学法 （2）重点与难点：中华人民共和国食品安全法	2
课堂学时合计						40

附录 2　五级 / 初级职业技能培训要求与课程规范对照表

2.1.2 五级 / 初级职业技能培训要求				2.2.2 五级 / 初级职业技能培训课程规范			
职业功能模块（模块）	培训内容（课程）	技能目标	培训细目	学习单元	课程内容	培训建议	课堂学时
1. 接待准备	1-1 仪表准备	1-1-1 能按照茶事服务礼仪要求进行着装、佩戴饰物	（1）按照茶事服务礼仪要求规范着装 （2）按照茶事服务礼仪要求佩戴饰物	（1）仪容准备	1）茶事服务礼仪基本知识 2）茶艺人员服饰礼仪要求 3）茶艺人员配饰礼仪要求	（1）方法：讲授法、演示法 （2）重点与难点：规范着装、个人仪容仪表	3
		1-1-2 能按照茶事服务礼仪要求修饰面部、手部	（1）按照茶事服务礼仪要求修饰面部 （2）按照茶事服务礼仪要求修饰手部		4）茶艺人员容貌修饰 ①修饰常识 ②修饰要求 5）茶艺人员手部护理 ①护理常识 ②护理要求		
		1-1-3 能按照茶事服务礼仪要求修整发型、选择头饰	（1）按照茶事服务礼仪要求修整发型 （2）按照茶事服务礼仪要求选择头饰		6）茶艺人员发型、头饰要求 ①适合个人气质 ②头饰的选择要求 ③按要求修整发型		

续表

<table>
<tr><th colspan="4">2.1.2 五级 / 初级职业技能培训要求</th><th colspan="4">2.2.2 五级 / 初级职业技能培训课程规范</th></tr>
<tr><th>职业功能模块（模块）</th><th>培训内容（课程）</th><th>技能目标</th><th>培训细目</th><th>学习单元</th><th>课程内容</th><th>培训建议</th><th>课堂学时</th></tr>
<tr><td rowspan="8">1. 接待准备</td><td rowspan="3">1–1 仪表准备</td><td>1–1–4 能按照茶事服务礼仪要求规范站姿、坐姿、走姿、蹲姿</td><td>（1）规范站姿
（2）规范坐姿
（3）规范走姿
（4）规范蹲姿</td><td>（2）仪态要求</td><td>茶事服务形体礼仪基本知识
①站姿：优美而典雅
②坐姿：端正而优美
③走姿：端庄而大方
④蹲姿：优雅而稳重</td><td>（1）方法：讲授法、演示法
（2）重点与难点：规范仪态</td><td>2</td></tr>
<tr><td rowspan="2">1–1–5 能使用普通话与敬语迎宾</td><td rowspan="2">（1）正确使用普通话
（2）正确使用敬语迎宾</td><td rowspan="2">（3）服务语言及运用</td><td>1）普通话基本知识</td><td rowspan="2">（1）方法：讲授法、演示法
（2）重点与难点：灵活运用服务语言</td><td rowspan="2">1</td></tr>
<tr><td>2）迎宾敬语基本知识
①称呼礼节
②问候礼节
③应答礼节</td></tr>
<tr><td rowspan="5">1–2 茶室准备</td><td rowspan="3">1–2–1 能清洁茶室环境卫生</td><td rowspan="3">（1）茶室环境要求
（2）茶室卫生清洁规范</td><td rowspan="3">（1）茶室环境准备</td><td>1）茶室工作人员岗位职责和服务流程</td><td rowspan="3">（1）方法：讲授法
（2）重点与难点：茶室环境与卫生要求</td><td rowspan="3">3</td></tr>
<tr><td>2）茶室环境要求
①茶室布置讲求情调
②茶室外观典雅别致
③品茗环境力求雅致简洁</td></tr>
<tr><td>3）茶室卫生要求
①品茗室卫生要求
②收银台卫生要求
③储存室卫生要求</td></tr>
<tr><td rowspan="2">1–2–2 能清洗消毒茶具</td><td rowspan="2">（1）茶具用品清洗
（2）茶具用品消毒</td><td rowspan="2">（2）茶具用品准备</td><td>1）茶具用品的洗涤方法
①金属制茶隔的清洗
②茶杯、茶壶等茶具的茶垢清洗</td><td rowspan="2">（1）方法：讲授法、实物示教法
（2）重点与难点：茶具用品的洗涤方法</td><td rowspan="2">2</td></tr>
<tr><td>2）茶具用品的消毒方法</td></tr>
</table>

续表

2.1.2　五级 / 初级职业技能培训要求				2.2.2　五级 / 初级职业技能培训课程规范			
职业功能模块（模块）	培训内容（课程）	技能目标	培训细目	学习单元	课程内容	培训建议	课堂学时
1. 接待准备	1–2　茶室准备	1–2–3　能配合调控茶室内的灯光、音响等设备	（1）配合调控茶室内灯光 （2）配合调整茶室内音响	（3）茶室设备准备	1）茶室内灯光设备使用方法 2）茶室内音响设备使用方法	（1）方法：讲授法、案例教学法 （2）重点与难点：茶室设备的使用方法	1
		1–2–4　能操作消防灭火器进行火灾扑救	操作消防灭火器	（4）消防安全准备	1）消防安全基本常识 2）消防灭火器的操作方法 ①干粉灭火器 ②手提式水基型灭火器 ③手提式二氧化碳灭火器	（1）方法：讲授法、演示法 （2）重点与难点：消防灭火器的操作方法	1
		1–2–5　能佩戴防毒面具并指导宾客使用	（1）佩戴防毒面具 （2）指导宾客使用防毒面具	（5）防毒安全准备	1）防毒面具基本知识 2）佩戴防毒面具并指导宾客使用 ①防毒面具使用方法 ②指导宾客使用注意事项	（1）方法：讲授法、演示法 （2）重点与难点：防毒面具的使用方法	2
2. 茶艺服务	2–1　冲泡备器	2–1–1　能根据茶叶基本特征区分六大茶类	（1）绿茶的特点与识别 （2）白茶的特点与识别 （3）黄茶的特点与识别 （4）青茶的特点与识别 （5）红茶的特点与识别 （6）黑茶的特点与识别	（1）区分六大茶类	1）绿茶的特点与识别 2）白茶的特点与识别 3）黄茶的特点与识别 4）青茶的特点与识别 5）红茶的特点与识别 6）黑茶的特点与识别	（1）方法：讲授法、实训（练习）法 （2）重点：六大茶类的基本特征 （3）难点：茶叶识别	10
		2–1–2　能根据茶单选取茶叶	（1）掌握茶单基础知识 （2）根据茶单选择茶叶	（2）选取茶叶	1）茶单的使用 ①茶单基本知识 ②茶单的设计制作 2）根据茶单选择茶叶	（1）方法：讲授法、实训（练习）法 （2）重点与难点：根据茶单选择茶叶	2

续表

2.1.2　五级 / 初级职业技能培训要求				2.2.2　五级 / 初级职业技能培训课程规范			
职业功能模块（模块）	培训内容（课程）	技能目标	培训细目	学习单元	课程内容	培训建议	课堂学时
2. 茶艺服务	2-1　冲泡备器	2-1-3　根据茶叶选用冲泡器皿	（1）选用泡茶、饮茶用具 （2）选用茶艺辅助用品	（3）选用冲泡器皿	1）选用泡茶、饮茶用具 ①泡茶用具 ②饮茶用具	（1）方法：讲授法、实训（练习）法 （2）重点：泡茶器具种类与使用方法 （3）难点：根据茶叶选择冲泡茶具	10
					2）选用茶艺辅助用品 ①备水器 ②盛运器 ③泡茶席 ④冲泡用茶与相关用品		
		2-1-4　能选择和使用备水、烧水器具	（1）选择和使用备水器具 （2）选择和使用烧水器具	（4）选择和使用备水、烧水器具	1）安全用电常识	（1）方法：讲授法、实训（练习）法 （2）重点：安全用电常识 （3）难点：烧水器具的使用规程	2
					2）备水器具使用规程		
					3）烧水器具使用规程		
	2-2　冲泡演示	2-2-1　能根据不同茶类确定投茶量和水量比例	（1）绿茶的投茶量和水量比例 （2）白茶的投茶量和水量比例 （3）黄茶的投茶量和水量比例 （4）青茶的投茶量和水量比例 （5）红茶的投茶量和水量比例 （6）黑茶的投茶量和水量比例	（1）根据茶类确定投茶量和水量比例	1）绿茶的投茶量和水量比例	（1）方法：教授法、实训（练习）法 （2）重点与难点：掌握不同茶类投茶量和水量比例	4
					2）白茶的投茶量和水量比例		
					3）黄茶的投茶量和水量比例		
					4）青茶的投茶量和水量比例		
					5）红茶的投茶量和水量比例		
					6）黑茶的投茶量和水量比例		
		2-2-2　能根据茶叶类型选择适宜的水温泡茶，并确定浸泡时间	（1）绿茶的冲泡水温及浸泡时间 （2）白茶的冲泡水温及浸泡时间 （3）黄茶的冲泡水温及浸泡时间 （4）青茶的冲泡水温及浸泡时间 （5）红茶的冲泡水温及浸泡时间 （6）黑茶的冲泡水温及浸泡时间	（2）根据茶叶类型选择冲泡水温和浸泡时间	1）绿茶的冲泡水温及浸泡时间	（1）方法：讲授法、实训（练习法）法 （2）重点与难点：掌握不同茶类的冲泡水温和浸泡时间	4
					2）白茶的冲泡水温及浸泡时间		
					3）黄茶的冲泡水温及浸泡时间		
					4）青茶的冲泡水温及浸泡时间		
					5）红茶的冲泡水温及浸泡时间		
					6）黑茶的冲泡水温及浸泡时间		

续表

2.1.2 五级 / 初级职业技能培训要求				2.2.2 五级 / 初级职业技能培训课程规范			
职业功能模块（模块）	培训内容（课程）	技能目标	培训细目	学习单元	课程内容	培训建议	课堂学时
2. 茶艺服务	2–2 冲泡演示	2–2–3 能使用玻璃杯、盖碗、紫砂壶冲泡茶叶	（1）使用玻璃杯冲泡茶叶 （2）使用盖碗冲泡茶叶 （3）使用紫砂壶冲泡茶叶	（3）选择茶具和冲泡方法	1）玻璃杯使用要求与技巧 2）盖碗使用要求与技巧 3）紫砂壶使用要求与技巧	（1）方法：讲授法、实训（练习）法 （2）重点与难点：玻璃杯、盖碗、紫砂壶使用技巧	8
		2–2–4 能介绍所泡茶叶的品饮方法	掌握茶叶品饮基本知识	（4）品饮方法	1）绿茶的品饮 2）白茶的品饮 3）黄茶的品饮 4）青茶的品饮 5）红茶的品饮 6）黑茶的品饮	（1）方法：讲授法、实训（练习）法 （2）重点与难点：六大茶类的品饮方法	10
3. 茶间服务	3–1 茶饮推介	3–1–1 能运用交谈礼仪与宾客沟通，有效了解宾客需求	（1）运用交谈礼仪进行沟通 （2）了解宾客需求	（1）运用交谈礼仪了解宾客需求	1）交谈礼仪规范 ①接待礼仪 ②交谈礼仪 ③沟通艺术 2）了解宾客需求	（1）方法：讲授法、演示法 （2）重点：交谈礼仪规范 （3）难点：有效沟通了解宾客需求	2
		3–1–2 能根据茶叶特性推荐茶饮	（1）根据绿茶的特性为宾客推荐茶饮 （2）根据白茶的特性为宾客推荐茶饮 （3）根据黄茶的特性为宾客推荐茶饮 （4）根据青茶的特性为宾客推荐茶饮 （5）根据红茶的特性为宾客推荐茶饮 （6）根据黑茶的特性为宾客推荐茶饮	（2）根据茶叶特性推荐茶饮	1）不同茶类的特性 ①绿茶的特性 ②白茶的特性 ③黄茶的特性 ④青茶的特性 ⑤红茶的特性 ⑥黑茶的特性 2）根据不同茶类的特性进行推荐	（1）方法：讲授法 （2）重点：了解茶叶的特性 （3）难点：根据茶叶的特性合理推荐	2

续表

2.1.2 五级 / 初级职业技能培训要求				2.2.2 五级 / 初级职业技能培训课程规范			
职业功能模块（模块）	培训内容（课程）	技能目标	培训细目	学习单元	课程内容	培训建议	课堂学时
3. 茶间服务	3-1 茶饮推介	3-1-3 能根据不同季节特点推荐茶饮	（1）春季推荐的茶饮 （2）夏季推荐的茶饮 （3）秋季推荐的茶饮 （4）冬季推荐的茶饮	（3）根据季节推荐茶饮	1）不同季节适合的茶饮 ①春季：绿茶、黄茶、花茶 ②夏季：绿茶、白茶 ③秋季：青茶、白茶 ④冬季：红茶、黑茶	（1）方法：讲授法、实物示教法 （2）重点与难点：不同季节适合的茶饮	2
					2）根据四季合理推荐		
	3-2 商品销售	3-2-1 能办理宾客消费的结账、记账	（1）办理消费结账 （2）办理消费记账	（1）记账、结账	1）结账、记账的相关知识	（1）方法：讲授法、案例教学法 （2）重点与难点：办理结账、记账基本程序	1
					2）结账、记账的基本程序		
		3-2-2 能向宾客销售茶叶	根据茶叶的特点进行销售	（2）茶叶的销售	茶叶销售的基本知识 ①根据茶叶特性进行推荐 ②根据宾客喜好进行推荐	（1）方法：实物示教法 （2）重点与难点：根据茶叶特性进行推荐	2
		3-2-3 能向宾客销售普通茶具	（1）根据茶叶的特点销售普通茶具 （2）根据宾客所在地区销售普通茶具 （3）根据宾客喜好销售普通茶具 （4）根据茶具本身特点销售普通茶具	（3）普通茶具的销售	茶具销售的基本知识 ①因茶制宜 ②因地制宜 ③因人制宜 ④因具制宜	（1）方法：讲授法、实物示教法 （2）重点与难点：根据茶叶特点销售普通茶具	2
		3-2-4 能完成茶叶、茶具的包装	（1）茶叶的包装 （2）茶具的包装	（4）茶叶、茶具包装	1）茶叶、茶具包装的种类	（1）方法：讲授法、实物示教法 （2）重点与难点：茶叶、茶具的包装方法	2
					2）茶叶、茶具包装材料的选择		
					3）茶叶、茶具包装方法		

续表

2.1.2　五级 / 初级职业技能培训要求				2.2.2　五级 / 初级职业技能培训课程规范			
职业功能模块（模块）	培训内容（课程）	技能目标	培训细目	学习单元	课程内容	培训建议	课堂学时
3. 茶间服务	3-2　商品销售	3-2-5　能承担售后服务	（1）茶叶的售后服务 （2）茶具的售后服务	（5）售后服务	1）茶叶的售后服务 ①茶叶售后存放的注意事项 ②茶叶售后品饮的注意事项	（1）方法：讲授法 （2）重点与难点：茶叶与茶具售后存放与保养注意事项	2
					2）茶具的售后服务 ①茶具的保养注意事项 ②茶具的正确使用方法		
课堂学时合计							80

附录 3　四级 / 中级职业技能培训要求与课程规范对照表

2.1.3　四级 / 中级职业技能培训要求				2.2.3　四级 / 中级职业技能培训课程规范			
职业功能模块（模块）	培训内容（课程）	技能目标	培训细目	学习单元	课程内容	培训建议	课堂学时
1. 接待准备	1-1　礼仪接待	1-1-1　能按照茶事服务要求导位、迎宾	（1）按照茶事服务要求导位 （2）按照茶事服务要求迎宾	（1）接待礼仪与技巧基本知识	1）导位、迎宾的礼仪技巧	（1）方法：讲授法、演示法 （2）重点与难点：茶事服务要求	2
					2）交谈的礼仪与技巧		
					3）礼貌举止		
		1-1-2　能根据不同地区的宾客特点进行礼仪接待	根据不同地区特点进行礼仪接待	（2）根据地区特点进行礼仪接待	国内不同地区宾客服务的基本知识 ①华北地区 ②东北地区 ③西北地区 ④华东地区 ⑤华中地区 ⑥华南地区 ⑦西南地区	（1）方法：讲授法 （2）重点与难点：国内不同地区的接待礼仪	2

续表

2.1.3 四级 / 中级职业技能培训要求				2.2.3 四级 / 中级职业技能培训课程规范			
职业功能模块（模块）	培训内容（课程）	技能目标	培训细目	学习单元	课程内容	培训建议	课堂学时
1. 接待准备	1-1 礼仪接待	1-1-3 能根据不同民族的风俗进行礼仪接待	根据不同民族风俗进行礼仪接待	（3）根据民族风俗进行礼仪接待	不同民族宾客服务的基本知识 ①汉族 ②藏族 ③蒙古族 ④傣族 ⑤维吾尔族 ⑥壮族 ⑦回族	（1）方法：讲授法 （2）重点与难点：不同民族宾客的接待礼仪	2
		1-1-4 能根据不同宗教信仰进行礼仪接待	根据不同宗教信仰进行礼仪接待	（4）根据宗教信仰进行礼仪接待	不同宗教信仰宾客服务的基本知识 ①佛教 ②道教 ③基督教 ④伊斯兰教	（1）方法：讲授法 （2）重点与难点：不同宗教信仰宾客的接待礼仪	1
		1-1-5 能根据宾客的性别、年龄特点进行有针对性的接待服务	（1）根据宾客的性别进行接待服务 （2）根据宾客年龄特点进行接待服务	（5）根据宾客特点进行针对性接待	1）不同性别特点宾客服务的基本知识 ①男性宾客的服务 ②女性宾客的服务 2）不同年龄特点宾客服务的基本知识 ①年老、体弱宾客的服务 ②中年宾客的服务 ③青年宾客的服务	（1）方法：讲授法 （2）重点与难点：不同特点宾客的接待礼仪	2
	1-2 茶室布置	1-2-1 能根据茶室特点合理摆放器物	根据茶室特点合理摆放茶桌和茶具	（1）合理摆放器物	1）茶室布置原则 2）茶室布置基本常识 ①茶桌布置 ②茶具摆放	（1）方法：讲授法、演示法 （2）重点与难点：茶室布置原则	1
		1-2-2 能合理摆放茶室装饰物品	合理摆放茶室装饰物品	（2）合理摆放装饰物品	茶室装饰物品布置基本知识 ①书画 ②古玩文物 ③插花 ④民俗文物	（1）方法：讲授法、演示法 （2）重点与难点：茶室的合理装饰布置	2

续表

2.1.3　四级 / 中级职业技能培训要求				2.2.3　四级 / 中级职业技能培训课程规范			
职业功能模块（模块）	培训内容（课程）	技能目标	培训细目	学习单元	课程内容	培训建议	课堂学时
1. 接待准备	1-2　茶室布置	1-2-3　能合理陈列茶室商品	合理陈列茶室商品	（3）合理陈列茶室商品	1）商品陈列的原则 ①陈列的安全性 ②陈列的易观看性、易选择性 ③陈列的易取性、易放回性	（1）方法：讲授法 （2）重点与难点：茶室商品陈列的方法	1
					2）商品陈列的方法		
		1-2-4　能根据宾客要求有针对性地调配茶叶、器物	根据宾客要求有针对性地调配茶叶、器物	（4）调配茶叶、器物	茶具与茶叶的搭配知识 ①形状上的搭配 ②质地上的搭配 ③色泽上的搭配	（1）方法：讲授法 （2）重点与难点：茶叶、茶具的合理搭配	2
2. 茶艺服务	2-1　茶艺配置	2-1-1　能识别六大茶类中的中国主要名茶	（1）绿茶中的中国主要名茶 （2）白茶中的中国主要名茶 （3）黄茶中的中国主要名茶 （4）青茶中的中国主要名茶 （5）红茶中的中国主要名茶 （6）黑茶中的中国主要名茶	（1）茶的识别	1）绿茶中的中国主要名茶	（1）方法：讲授法、实物示教法 （2）重点与难点：准确识别名茶	10
					2）白茶中的中国主要名茶		
					3）黄茶中的中国主要名茶		
					4）青茶中的中国主要名茶		
					5）红茶中的中国主要名茶		
					6）黑茶中的中国主要名茶		
		2-1-2　能识别新茶、陈茶	（1）根据色泽识别新茶、陈茶 （2）根据香气识别新茶、陈茶 （3）根据滋味识别新茶、陈茶 （4）根据手感识别新茶、陈茶	（2）新茶、陈茶识别	新茶、陈茶的特点与识别方法 ①根据茶叶的色泽分辨 ②根据茶叶的香气分辨 ③根据茶叶的滋味分辨 ④根据茶叶的手感分辨	（1）方法：讲授法、实物示教法 （2）重点：新茶、陈茶特点 （3）难点：新茶、陈茶识别方法	4

续表

2.1.3　四级 / 中级职业技能培训要求				2.2.3　四级 / 中级职业技能培训课程规范			
职业功能模块（模块）	培训内容（课程）	技能目标	培训细目	学习单元	课程内容	培训建议	课堂学时
2. 茶艺服务	2-1　茶艺配置	2-1-3　能根据茶样初步区分茶叶品质和等级高低	（1）根据色泽、香气、滋味、形状等区分茶叶类型 （2）运用评茶术语评定茶叶品质和等级	（3）茶叶品质和等级识别	1）根据色泽、香气、滋味、形状等区分茶叶类型 2）运用评茶术语评定茶叶品质和等级 ①评定茶叶品质和等级的方法 ②评茶主要术语	（1）方法：讲授法、实物示教法 （2）重点与难点：评定茶叶品质和等级的方法	10
		2-1-4　能鉴别常用陶瓷、紫砂、玻璃茶具的品质	（1）陶器与瓷器茶具品质的鉴别方法 （2）紫砂茶具品质的鉴别方法 （3）玻璃及其他茶具品质的鉴别方法	（4）鉴别常用茶具的品质	常用茶具品质的鉴别方法 ①陶瓷茶具 ②紫砂茶具 ③玻璃及其他茶具	（1）方法：讲授法、实物示教法 （2）重点与难点：茶具品质的鉴别	4
		2-1-5　能根据茶艺馆需要布置茶艺工作台	（1）茶具与茶叶的配合 （2）茶具的摆放原则与摆放位置 （3）茶艺冲泡台茶席的布置	（5）茶艺台的布置	茶艺冲泡台的布置方法 ①茶具与茶叶的配合 ②茶具的摆放原则与摆放位置 ③茶艺冲泡台茶席的布置	（1）方法：讲授法、实物示教法 （2）重点与难点：茶具的摆放原则	6
	2-2　茶艺演示	2-2-1　能根据茶艺要素的要求冲泡六大茶类	（1）六大茶类冲泡投茶量 （2）六大茶类冲泡水温 （3）六大茶类冲泡时间 （4）六大茶类冲泡注水方式	（1）六大茶类冲泡	茶艺冲泡的要素 ①投茶量 ②冲泡水温 ③冲泡时间 ④注水方式	（1）方法：讲授法、实物示教法 （2）重点与难点：掌握不同茶类的冲泡区别	8

续表

2.1.3 四级 / 中级职业技能培训要求				2.2.3 四级 / 中级职业技能培训课程规范			
职业功能模块（模块）	培训内容（课程）	技能目标	培训细目	学习单元	课程内容	培训建议	课堂学时
2. 茶艺服务	2–2 茶艺演示	2–2–2 能根据不同茶叶选择泡茶用水	(1) 不同茶叶泡茶用水的种类 (2) 不同茶叶泡茶用水的处理方式	(2) 泡茶用水	1）不同茶叶泡茶用水的种类	(1) 方法：讲授法、实物示教法 (2) 重点与难点：不同茶类泡茶用水的处理方式	2
					2）不同茶叶泡茶用水的处理方式		
		2–2–3 能制作调饮红茶	(1) 制作冷饮调饮红茶 (2) 制作热饮调饮红茶	(3) 调饮红茶	1）调饮法及其特点	(1) 方法：讲授法、实物示教法 (2) 重点与难点：调饮红茶的制作技巧	4
					2）调饮红茶制作技巧（冷饮、热饮）		
		2–2–4 能展示生活茶艺	结合生活灵活展示茶艺	(4) 生活茶艺	1）生活茶艺的基本类型 ①含叶泡法 ②茶水分离泡法	(1) 方法：讲授法、实物示教法 (2) 重点与难点：生活茶艺的展示	2
					2）生活茶艺的展示 ①基本程序 ②各类生活茶艺展示		
3. 茶间服务	3–1 茶品推介	3–1–1 能根据茶叶合理搭配茶点并予以推介	(1) 根据茶叶搭配茶点 (2) 合理推荐茶点	(1) 根据茶叶搭配茶点	1）茶叶与茶点的搭配 ①选配原则 ②不同茶叶与茶点的搭配	(1) 方法：讲授法、演示法 (2) 重点与难点：茶叶与茶点搭配知识	2
					2）合理推荐		
		3–1–2 能根据季节合理搭配茶点并予以推介	(1) 根据不同季节合理搭配茶点 (2) 合理推荐茶点	(2) 根据季节搭配茶点	1）季节与茶点的搭配 ①选配原则 ②四季与茶点的搭配	(1) 方法：讲授法 (2) 重点与难点：四季与茶点的搭配	1
					2）合理推荐		

续表

2.1.3 四级 / 中级职业技能培训要求				2.2.3 四级 / 中级职业技能培训课程规范			
职业功能模块（模块）	培训内容（课程）	技能目标	培训细目	学习单元	课程内容	培训建议	课堂学时
3. 茶间服务	3-1 茶品推介	3-1-3 能根据茶叶的内含成分及对人体健康的作用来推介相应茶叶	根据茶叶内含成分及对人体健康的作用合理推荐	（3）根据成分推介茶叶	1）健康饮茶 ①茶叶的营养成分分析 ②茶叶的保健功效 ③如何科学饮茶 2）合理推荐	（1）方法：讲授法 （2）重点与难点：根据茶叶的营养成分为宾客推荐茶品	1
		3-1-4 能向宾客介绍不同水质对茶汤的影响	介绍不同水质对茶汤的影响	（4）介绍水质对茶汤的影响	1）中国主要名茶与名泉 2）水质对泡茶的影响 3）泡茶用水的选择	（1）方法：讲授法 （2）重点与难点：泡茶用水的选择	1
		3-1-5 能根据所泡茶品解答相关问题	解答宾客关于茶品的问题	（5）解答常见问题	1）茶叶用量 2）泡茶水温 3）冲泡时间	（1）方法：讲授法 （2）重点与难点：泡茶的常见问题	1
	3-2 商品销售	3-2-1 能根据茶叶特点科学地保存茶叶	（1）掌握茶叶的特点 （2）掌握茶叶保存的常识	（1）茶叶保存	1）茶叶变质的主要因素 ①温度 ②湿度 ③氧气 ④光线 2）茶叶的保存 ①茶叶保存的环境条件 ②茶叶保存的方法 ③茶叶保存的注意事项	（1）方法：讲授法 （2）重点与难点：茶叶保存的方法	1

续表

2.1.3　四级 / 中级职业技能培训要求				2.2.3　四级 / 中级职业技能培训课程规范			
职业功能模块（模块）	培训内容（课程）	技能目标	培训细目	学习单元	课程内容	培训建议	课堂学时
3. 茶间服务	3-2　商品销售	3-2-2　能销售名优茶和特殊茶品	掌握销售名优茶和特殊茶品的技巧	（2）销售名优茶和特殊茶	1）名优茶、特殊茶基本知识 ①什么是名优茶 ②什么是特殊茶 2）销售方法 ①名优茶的销售方法 ②特殊茶的销售方法	（1）方法：讲授法 （2）重点与难点：特殊茶的销售方法	2
		3-2-3　能销售名家茶器、定制（柴烧、手绘）茶具	掌握名家茶器和柴烧、手绘茶具的销售方法	（3）销售名家茶器、定制茶具	1）名家茶器、定制茶具的基本知识 ①名家茶器的特点 ②柴烧、手绘茶具的特点 2）销售方法 ①名家茶器的销售方法 ②柴烧、手绘茶具的销售方法	（1）方法：讲授法 （2）重点与难点：名家茶具的销售方法	2
		3-2-4　能根据宾客需要选配家庭茶室用品	为宾客选配家庭茶室用品	（4）选配家庭茶室用品	1）家庭茶室用品的种类 ①茶具 ②装饰品 ③茶叶 2）选配的基本要求 ①搭配原则 ②协调原则 ③合理原则	（1）方法：讲授法 （2）重点与难点：选配家庭茶室用品的基本原求	2
		3-2-5　能为茶室、茶庄等经营场所选配并向其销售茶商品	（1）为茶室选配并销售茶商品 （2）能为茶庄选配并销售茶商品	（5）选配茶室、茶庄的茶商品	1）选配茶室的茶商品 ①茶室的茶商品选配原则 ②茶室的茶商品销售注意事项 2）选配茶庄的茶商品 ①茶庄的茶商品选配原则 ②茶庄的茶商品销售注意事项	（1）方法：讲授法 （2）重点与难点：茶室、茶庄的茶商品选配原则	2
课堂学时合计							80

附录 4　三级 / 高级职业技能培训要求与课程规范对照表

2.1.4　三级 / 高级职业技能培训要求				2.2.4　三级 / 高级职业技能培训课程规范			
职业功能模块（模块）	培训内容（课程）	技能目标	培训细目	学习单元	课程内容	培训建议	课堂学时
1. 接待准备	1-1　礼仪接待	1-1-1　能根据不同国家的礼仪接待外宾	按照不同国家的礼仪接待外宾	（1）不同国家接待礼仪	1）涉外礼仪基本要求	（1）方法：讲授法 （2）重点与难点：涉外礼仪基本要求	3
					2）各国礼仪禁忌 ①亚洲各国礼仪禁忌 ②欧洲各国礼仪禁忌 ③非洲各国礼仪禁忌		
		1-1-2　能使用英语与外宾进行简单问候与沟通	使用英语规范用语与外宾进行简单问候与沟通	（2）英语问候与沟通	接待礼仪英语基本知识 ①问候语 ②询问 ③请求 ④感谢和致谢 ⑤电话用语	（1）方法：讲授法 （2）重点与难点：接待礼仪英语基本知识	4
		1-1-3　能按照服务接待要求接待特殊宾客	按照服务接待要求接待特殊宾客	（3）特殊宾客接待	1）特殊宾客的类型 ① 行动不便的宾客 ②带儿童的宾客 ③挑剔的宾客 ④有明显生理缺陷的宾客	（1）方法：讲授法 （2）重点与难点：特殊宾客服务接待技巧	2
					2）特殊宾客服务接待技巧 ① 言语技巧 ② 行为举止技巧		
	1-2　茶事准备	1-2-1　能鉴别茶叶品质高低	（1）茶叶品评 （2）茶叶品质量鉴别	（1）鉴别茶叶品质	1）茶叶的品评方法	（1）方法：讲授法、实物示教法 （2）重点与难点：茶叶的品评方法	3
					2）茶叶的品质鉴别方法		

续表

2.1.4 三级 / 高级职业技能培训要求				2.2.4 三级 / 高级职业技能培训课程规范			
职业功能模块（模块）	培训内容（课程）	技能目标	培训细目	学习单元	课程内容	培训建议	课堂学时
1. 接待准备	1-2 茶事准备	1-2-2 能鉴别高山茶与台地茶	（1）鉴别高山茶 （2）鉴别台地茶	（2）鉴别高山茶、台地茶	1）鉴别高山茶（外形、色泽、条索、滋味、香气） 2）鉴别台地茶（外形、色泽、条索、滋味、香气）	（1）方法：讲授法、实物示教法 （2）重点与难点：高山茶与台地茶的鉴别方法	2
		1-2-3 能识别常用瓷器茶具的款式及质量	（1）正确识别常用瓷器茶具的款式 （2）正确分辨常用瓷器茶具的质量	（3）识别常用瓷器茶具款式及质量	1）瓷器茶具的款式及特点 ①茶壶的款式及特点 ②盖碗的款式及特点 ③储茶罐的款式及特点 2）瓷器茶具的质量	（1）方法：讲授法、实物示教法 （2）重点与难点：瓷器茶具的质量识别	3
		1-2-4 能识别常用陶器茶具的款式及质量	（1）识别常用陶器茶具款式 （2）识别常用陶器茶具质量	（4）识别常用陶器茶具款式及质量	1）陶器茶具的款式、特点 2）陶器茶具质量与泥料	（1）方法：讲授法、实物示教法 （2）重点与难点：陶器茶具的质量识别	3
2. 茶艺服务	2-1 茶席设计	2-1-1 能根据不同题材，设计不同主题的茶席	设计不同主题茶席	（1）根据题材设计茶席	1）茶席设计基本原理 ①茶席设计含义 ②茶席的基本特征 ③茶席的组成元素 ④茶席设计原则 2）根据不同题材设计茶席	（1）方法：讲授法、实物示教法 （2）重点：茶席设计的原则 （3）难点：不同题材茶席设计的方法	2

续表

2.1.4　三级 / 高级职业技能培训要求				2.2.4　三级 / 高级职业技能培训课程规范			
职业功能模块（模块）	培训内容（课程）	技能目标	培训细目	学习单元	课程内容	培训建议	课堂学时
2. 茶艺服务	2-1　茶席设计	2-1-2　能根据不同的茶品、茶具组合、铺垫物品等进行茶席设计	（1）根据茶品进行茶席设计 （2）根据茶具组合进行茶席设计 （3）铺垫物品的运用 （4）茶席元素的综合利用	（2）根据茶品、茶具、铺垫物品等设计茶席	1）茶品选择与茶席设计 2）茶具组合与茶席设计 3）铺垫物品在茶席中的运用 4）茶席设计元素的综合运用	（1）方法：讲授法、实物示教法 （2）重点与难点：茶席设计元素的综合运用	4
		2-1-3　能根据少数民族的茶俗设计不同的茶席	根据少数民族茶俗进行茶席设计	（3）根据少数民族茶俗进行茶席设计	1）少数民族茶俗与少数民族茶饮器具特色 ①少数民族茶俗 ②少数民族茶饮器具特色 2）少数民族茶席及器物选配	（1）方法：讲授法、实物示教法 （2）重点与难点：少数民族茶俗与茶席的融合	2
		2-1-4　能根据茶席设计需要进行茶器搭配	（1）配置茶品 （2）配置茶具组合 （3）配置铺垫物品	（4）根据茶席设计进行茶器搭配	根据茶席设计进行搭配 ①茶品 ②茶具组合 ③铺垫物品	（1）方法：讲授法、实物示教法 （2）重点与难点：茶席与茶器的选配	6
		2-1-5　能根据茶席设计主题配置相关的其他器物	（1）根据茶席主题配置插花 （2）根据茶席主题配置焚香 （3）根据茶席主题配置茶挂 （4）根据茶席主题配置相关工艺品 （5）根据茶席主题配置装饰类背景	（5）根据主题配置相关器物	根据主题配置器物 ①插花 ②焚香 ③茶挂 ④相关工艺品 ⑤装饰类背景	（1）方法：讲授法、实物示教法 （2）重点与难点：茶席主题与器物的选配	4

续表

<table>
<tr><th colspan="4">2.1.4　三级 / 高级职业技能培训要求</th><th colspan="4">2.2.4　三级 / 高级职业技能培训课程规范</th></tr>
<tr><th>职业功能模块（模块）</th><th>培训内容（课程）</th><th>技能目标</th><th>培训细目</th><th>学习单元</th><th>课程内容</th><th>培训建议</th><th>课堂学时</th></tr>
<tr><td rowspan="10">2. 茶艺服务</td><td rowspan="10">2-2　茶艺演示</td><td rowspan="2">2-2-1　能按照不同茶艺演示要求布置演示台，选择和配置适当的插花、熏香、茶挂</td><td rowspan="2">（1）布置茶艺演示台
（2）选择和配置茶艺插花
（3）选择和配置熏香
（4）选择和配置茶挂</td><td rowspan="2">（1）茶艺演示台布置及插花、熏香、茶挂</td><td>1）茶艺演示台布置及茶艺插花、熏香、茶挂基本知识
①茶艺演示台布置
②茶席插花
③熏香
④茶挂</td><td rowspan="2">（1）方法：讲授法、实物示教法
（2）重点：茶艺演示台的布置
（3）难点：生活四艺在茶艺演示里的应用</td><td rowspan="2">8</td></tr>
<tr><td>2）生活四艺（点茶、焚香、插花、挂画）在茶艺演示里的应用</td></tr>
<tr><td rowspan="4">2-2-2　能根据茶艺演示主题选择相应的服饰</td><td rowspan="4">（1）根据主题意境选择服饰
（2）根据民俗选择服饰
（3）根据民族选择服饰
（4）根据年代选择服饰</td><td rowspan="4">（2）茶艺演示的服饰</td><td>1）根据主题意境选择服饰</td><td rowspan="4">（1）方法：讲授法、实物示教法
（2）重点与难点：根据主题意境选择服饰</td><td rowspan="4">2</td></tr>
<tr><td>2）根据民俗选择服饰</td></tr>
<tr><td>3）根据民族选择服饰</td></tr>
<tr><td>4）根据年代选择服饰</td></tr>
<tr><td rowspan="2">2-2-3　能根据茶艺演示主题选择合适的音乐</td><td rowspan="2">根据茶艺演示主题选配音乐</td><td rowspan="2">（3）茶艺演示的音乐</td><td>1）茶艺演示与音乐相关知识
①我国古典名曲
②近代作曲家为品茶谱写的音乐
③精心录制的大自然之声</td><td rowspan="2">（1）方法：讲授法
（2）重点：茶艺音乐的相关知识
（3）难点：运用音乐元素烘托茶艺主题</td><td rowspan="2">2</td></tr>
<tr><td>2）运用音乐元素烘托茶艺主题</td></tr>
<tr><td rowspan="2">2-2-4　能根据茶席设计主题确定茶艺演示内容</td><td rowspan="2">（1）根据茶席设计主题确定茶艺演示程序
（2）根据茶席设计主题确定茶艺演示具体内容</td><td rowspan="2">（4）茶艺演示内容</td><td>1）根据茶席设计主题确定茶艺演示程序</td><td rowspan="2">（1）方法：讲授法
（2）重点：根据茶席主题确定演示程序
（3）难点：根据茶席设计主题确定茶艺演示具体内容</td><td rowspan="2">2</td></tr>
<tr><td>2）根据茶席设计主题确定茶艺演示具体内容</td></tr>
</table>

续表

2.1.4 三级 / 高级职业技能培训要求				2.2.4 三级 / 高级职业技能培训课程规范			
职业功能模块（模块）	培训内容（课程）	技能目标	培训细目	学习单元	课程内容	培训建议	课堂学时
2. 茶艺服务	2-2 茶艺演示	2-2-5 能根据地方风味和少数民族茶俗组织茶艺演示	（1）演示各地风味茶艺 （2）演示少数民族茶艺	（5）民俗茶艺及少数民族茶艺	1）民俗茶艺的演示 ①擂茶 ②罐罐茶 ③豆子茶 2）少数民族茶艺演示 ①侗族打油茶 ②藏族酥油茶 ③白族三道茶	（1）方法：讲授法、情景表演法 （2）重点与难点：民俗茶艺、少数民族茶艺演示	8
		2-2-6 能组织、演示茶艺并介绍其文化内涵	（1）茶艺演示组织 （2）茶艺文化内涵阐述	（6）茶艺演示组织及文化内涵阐述	1）组织并演示茶艺 ①茶艺演示的组织 ②茶艺主题设计 ③茶艺演示的程序 2）茶艺演示的文化内涵阐述 ①茶艺演示的历史、地域、民族特色 ②茶艺演示的美学知识 ③茶艺演示的主题表达	（1）方法：讲授法、情景表演法 （2）重点：茶艺演示的组织 （3）难点：茶艺演示的文化内涵	10
3. 茶间服务	3-1 茶事推介	3-1-1 能根据宾客需求介绍有关茶叶的传说、典故	介绍茶叶传说、典故	（1）茶叶传说、典故	1）茶起源之说 2）各地名茶典故 ①龙井茶与虎跑泉的传说 ②黄山毛峰的传说 ③铁观音的传说 ④大红袍的传说 ⑤君山银针的传说 ⑥白毫银针的传说 ⑦茉莉花茶的传说	（1）方法：讲授法 （2）重点与难点：各地名茶典故	4

续表

2.1.4 三级 / 高级职业技能培训要求				2.2.4 三级 / 高级职业技能培训课程规范			
职业功能模块（模块）	培训内容（课程）	技能目标	培训细目	学习单元	课程内容	培训建议	课堂学时
3. 茶间服务	3-1 茶事推介	3-1-2 能使用评茶专业术语，向宾客通俗介绍茶叶的色、香、味、形	（1）掌握评茶专业术语 （2）向宾客介绍茶叶的色、香、味、形	（2）茶叶的审评	1）茶叶审评的专业术语 ①形状 ②整碎 ③色泽 ④净度 ⑤香气 ⑥汤色 ⑦滋味 ⑧叶底 2）通俗介绍茶叶的色、香、味、形	（1）方法：讲授法、实训（练习）法 （2）重点与难点：能用评茶专业术语向宾客介绍茶叶	2
		3-1-3 能向宾客介绍选购紫砂茶具的技巧	（1）了解紫砂茶具的特点 （2）向宾客介绍紫砂茶具的选购方法	（3）介绍选购紫砂茶具技巧	1）紫砂茶具的特点 ①紫砂茶具的主要器型 ②紫砂茶具的历代名家 2）紫砂茶具的选购方法 ①选购紫砂茶具的基本方法 ②购买时的注意事项	（1）方法：讲授法、实物示教法 （2）重点：紫砂茶具的特点 （3）难点：紫砂茶具的选购方法	2
		3-1-4 能向宾客介绍选购瓷器茶具的技巧	（1）了解瓷器茶具的特点 （2）向宾客介绍瓷器茶具的选购方法	（4）介绍选购瓷器茶具技巧	1）瓷器茶具的特点 2）瓷器茶具的选购方法 ①选购瓷器茶具的基本方法 ②购买时的注意事项	（1）方法：讲授法、实物示教法 （2）重点：瓷器茶具的特点 （3）难点：瓷器茶具的选购方法	2

续表

2.1.4 三级 / 高级职业技能培训要求				2.2.4 三级 / 高级职业技能培训课程规范			
职业功能模块（模块）	培训内容（课程）	技能目标	培训细目	学习单元	课程内容	培训建议	课堂学时
3. 茶间服务	3-1 茶事推介	3-1-5 能向宾客介绍不同茶具的养护知识	（1）向宾客介绍紫砂茶具的养护知识 （2）向宾客介绍瓷器茶具的养护知识 （3）向宾客介绍其他茶具的养护知识	（5）介绍茶具养护知识	1）紫砂茶具的养护知识 ①新壶如何养护 ②常用的紫砂茶具如何保养 2）瓷器茶具的养护知识 ①青瓷、白瓷茶具如何保养 ②汝窑茶具如何保养 ③建盏如何保养 3）其他茶具的养护知识 ①玻璃茶具的养护 ②金属茶具的养护 ③竹木茶具的养护	（1）方法：讲授法、实物示教法 （2）重点与难点：各类茶具的保养方法	2
	3-2 营销服务	3-2-1 能根据市场需求调配茶叶、茶具营销模式	（1）正确引导宾客消费 （2）合理调配茶叶、茶具	（1）根据市场调配茶叶、茶具	1）营销基本知识 ①心理学知识 ②营销知识 ③正确引导宾客消费 2）根据市场需求进行调配 ①掌握需求动态变化 ②引导、刺激需求	（1）方法：讲授法、案例教学法 （2）重点：营销基础知识 （3）难点：根据市场需求进行调配	3
		3-2-2 能根据季节变化、节假日特点等制订茶艺馆消费品配备计划	（1）根据季节变化进行选配 （2）根据不同节假日进行选配	（2）根据季节、节假日制订配备计划	1）根据不同季节进行选配 ①春夏秋冬选配原则 ②春夏秋冬选配的方法 2）根据各种节假日进行选配 ①不同节假日的选配原则 ②不同节假日的选配方法	（1）方法：讲授法 （2）重点与难点：不同季节、节假日的选配原则	2

续表

2.1.4 三级 / 高级职业技能培训要求				2.2.4 三级 / 高级职业技能培训课程规范			
职业功能模块（模块）	培训内容（课程）	技能目标	培训细目	学习单元	课程内容	培训建议	课堂学时
3. 茶间服务	3–2 营销服务	3–2–3 能按照茶艺馆要求，初步设计和具体实施茶事展销活动	（1）根据茶艺馆的要求设计茶事展销活动 （2）根据茶艺馆要求实施茶事展销活动	（3）初步设计和实施茶事展销活动	1）茶事展销活动的设计 ①了解茶艺馆经营属性 ②了解茶艺馆的规模、性质 ③了解茶事展销活的内容、时间 2）茶事展销活动的实施 ①茶事展销活动前的准备 ②茶事展销活动的实施 ③茶事展销活动的收尾工作	（1）方法：讲授法 （2）重点与难点：茶事展销活动的设计	3
课堂学时合计							90

附录 5 二级 / 技师职业技能培训要求与课程规范对照表

2.1.5 二级 / 技师职业技能培训要求				2.2.5 二级 / 技师职业技能培训课程规范			
职业功能模块（模块）	培训内容（课程）	技能目标	培训细目	学习单元	课程内容	培训建议	课堂学时
1. 茶艺馆创意	1–1 茶艺馆规划	1–1–1 能提出茶艺馆选址的建议	（1）调查周边自然环境与人文环境 （2）茶艺馆选址对客源情况的基本要求 （3）茶艺馆选址对地段的基本要求 （4）茶艺馆选址对交通的基本要求 （5）茶艺馆选址对周边环境的基本要求 （6）茶艺馆选址对能源供应的基本要求 （7）茶艺馆选址对后备服务的基本要求	（1）茶艺馆的选址	1）调查周边自然环境与人义环境 2）茶艺馆选址对客源情况的基本要求 3）茶艺馆选址对地段的基本要求 4）茶艺馆选址对交通的基本要求 5）茶艺馆选址对周边环境的基本要求 6）茶艺馆选址对能源供应的基本要求 7）茶艺馆选址对后备服务的基本要求	（1）方法：讲授法 （2）重点：茶艺馆选址基本要求 （3）难点：根据当地的发展状况进行茶艺馆选址	1

续表

2.1.5　二级 / 技师职业技能培训要求				2.2.5　二级 / 技师职业技能培训课程规范			
职业功能模块（模块）	培训内容（课程）	技能目标	培训细目	学习单元	课程内容	培训建议	课堂学时
1. 茶艺馆创意	1-1　茶艺馆规划	1-1-2　能提出不同特色茶艺馆的定位建议	（1）茶艺馆特色定位 （2）茶艺馆经营风格定位 （3）茶艺馆功能定位	（2）茶艺馆的定位	1）茶艺馆特色定位 ①茶艺馆设计基本知识 ②茶艺馆装饰格调的基本类型：仿古、园林、民族 ③茶艺馆装饰档次定位与消费群体 ④当地人文环境与茶艺馆风格定位关系	（1）方法：讲授法 （2）重点：茶艺馆特色定位 （3）难点：消费群体对茶艺馆定位的影响	2
					2）茶艺馆经营风格定位 ①茶艺馆经营目标 ②茶艺馆经营理念 ③茶艺馆经营策略		
					3）茶艺馆功能定位 ①单一型 ②复合型 ③连锁经营型 ④体验馆		
		1-1-3　能根据茶艺馆的定位提出整体布局的建议	茶艺馆整体布局	（3）茶艺馆的布局	1）茶艺馆风格布局	（1）方法：讲授法 （2）重点与难点：茶艺馆风格布局	1
					2）茶艺馆休闲氛围营造		
					3）茶艺馆艺术性的体现		
	1-2　茶艺馆布置	1-2-1　能根据茶艺馆的布局分割与布置不同的区域	（1）品茗区的分割与布置 （2）多功能区的分割与布置 （3）文化活动区的分割与布置 （4）商品展示区的分割与布置 （5）服务台的分割与布置 （6）茶艺展示台的分割与布置 （7）茶水房的分割与布置 （8）茶点房的分割与布置	（1）茶艺馆布置	1）茶艺馆不同区域的分割	（1）方法：讲授法、案例教学法 （2）重点与难点：茶艺馆功能区布置的基本要求	2
					2）茶艺馆不同区域的布置 ①品茗区的布置基本要求 ②多功能区的布置基本要求 ③文化活动区的布置基本要求 ④商品展示区的布置基本要求 ⑤服务台的布置基本要求 ⑥茶艺展示台的布置基本要求 ⑦茶水房的布置基本要求 ⑧茶点房的布置基本要求		

续表

2.1.5 二级 / 技师职业技能培训要求				2.2.5 二级 / 技师职业技能培训课程规范			
职业功能模块（模块）	培训内容（课程）	技能目标	培训细目	学习单元	课程内容	培训建议	课堂学时
1. 茶艺馆创意	1-2 茶艺馆布置	1-2-2 能根据茶艺馆的风格布置陈列柜和服务台	（1）茶艺馆陈列柜的布置 （2）茶艺馆服务台的布置	（2）茶艺馆陈列柜与服务台的布置	1）茶艺馆陈列柜布置 ①陈列柜的基本要求 ②陈列物品布置类型 2）茶艺馆服务台布置 ①茶艺馆服务台基本功能和要求 ②茶艺馆服务台基本位置的确定	（1）方法：讲授法、实物示教法 （2）重点与难点：陈列柜和服务台布置的要求	2
		1-2-3 能根据茶艺馆的主题设计布置不同风格的品茗区	（1）布置中式风格品茗区 （2）布置日式风格品茗区 （3）布置韩式风格品茗区 （4）布置欧美风格品茗区	（3）茶艺馆品茗区的布置	1）中式风格品茗区布置方法 2）日式风格品茗区布置方法 3）韩式风格品茗区布置方法 4）欧美风格品茗区布置方法	（1）方法：讲授法、案例教学法 （2）重点、难点：品茗区布置的方法	2
2. 茶事活动	2-1 茶艺演示	2-1-1 能进行仿古（仿唐、仿宋或仿明清）茶艺演示，并能担任主泡	（1）进行仿唐茶艺演示 （2）进行仿宋茶艺演示 （3）进行仿明茶艺演示 （4）进行仿清茶艺演示	（1）仿古茶艺演示	1）仿唐茶艺演示 2）仿宋茶艺演示 3）仿明茶艺演示 4）仿清茶艺演示	（1）方法：讲授法、演示法 （2）重点：仿古茶艺演示方法、步骤 （3）难点：仿古茶艺演示的技巧	8
		2-1-2 能进行日本茶道演示	（1）进行抹茶茶道的演示 （2）进行煎茶茶道的演示	（2）日本茶道演示	1）日本茶道基本知识与文化内涵 2）日本茶道演示过程 ①抹茶茶道 ②煎茶茶道	（1）方法：讲授法、实物示教法 （2）重点：日本茶道演示方法、步骤 (3) 难点：日本茶道的文化内涵	4

续表

2.1.5　二级 / 技师职业技能培训要求				2.2.5　二级 / 技师职业技能培训课程规范			
职业功能模块（模块）	培训内容（课程）	技能目标	培训细目	学习单元	课程内容	培训建议	课堂学时
2. 茶事活动	2-1　茶艺演示	2-1-3　能进行韩国茶礼演示	进行韩国茶礼的演示	（3）韩国茶礼演示	1）韩国茶礼基本知识和文化内涵 2）韩国茶礼演示过程	（1）方法：讲授法、实物示教法 （2）重点：韩国茶礼演示方法、步骤 （3）难点：韩国茶礼的文化内涵	4
		2-1-4　能进行英式下午茶演示	进行英式下午茶的演示	（4）英式下午茶演示	1）英式下午茶基本知识和文化内涵 2）英式下午茶演示过程	（1）方法：讲授法、实物示教法 （2）重点：英式下午茶演示方法、步骤 （3）难点：英式下午茶的文化内涵	2
		2-1-5　能用一门外语进行茶艺解说	熟练运用茶艺专用外语	（5）茶艺专用外语的应用	1）情景对话 2）茶艺常用词汇 3）茶艺常用句式	（1）方法：讲授法、实训（练习）法 （2）重点与难点：茶艺专用外语的应用	4
	2-2　茶会组织	2-2-1　能策划中、小型茶会	（1）区分茶会类型 （2）策划中、小型茶会	（1）中、小型茶会的策划	1）茶会类型 ①根据目的区分茶会类型（节日茶会、纪念茶会、喜庆茶会、研讨茶会、品尝茶会、艺术茶会、联谊茶会、交流茶会、节气茶会） ②根据年代区分茶会类型（古代茶会、现代茶会） ③根据规模区分茶会类型（中、小型茶会，大型茶会） 2）中、小型茶会的策划 ①策划方式 ②策划方案	（1）方法：讲授法 （2）重点与难点：设计中、小型茶会策划方案	8

续表

2.1.5　二级 / 技师职业技能培训要求				2.2.5　二级 / 技师职业技能培训课程规范			
职业功能模块（模块）	培训内容（课程）	技能目标	培训细目	学习单元	课程内容	培训建议	课堂学时
2. 茶事活动	2-2　茶会组织	2-2-2　能设计茶会活动的可实施方案	设计茶会活动的可实施方案	（2）设计茶会的实施方案	茶会活动实施方案的内容 ①茶会主题 ②茶会规模 ③参加对象 ④时间安排 ⑤茶会性质 ⑥茶会形式 ⑦茶会地点 ⑧费用预算	（1）方法：讲授法、讨论法 （2）重点与难点：茶会实施方案的内容	6
		2-2-3　能根据茶会的类型进行茶会组织	（1）茶会的准备 （2）茶会的组织	（3）准备、组织茶会	1）茶会的准备 ①横幅的设计 ②场地布置 ③物品准备 ④休息室准备 ⑤告示 ⑥指引牌 ⑦会议资料 ⑧人员培训	（1）方法：讲授法、讨论法 （2）重点与难点：茶会的准备	2
					2）茶会的组织		
		2-2-4　能主持各类茶会	主持各类茶会	（4）茶会的主持	茶会主持基本技巧 ①熟悉茶会流程 ②不同类型茶会的注意事项	（1）方法：讲授法、讨论法 （2）重点与难点：茶会主持的技巧	2
3. 业务管理（茶事管理）	3-1　服务管理	3-1-1　能制定茶艺馆服务流程及服务规范	（1）制定茶艺馆服务流程 （2）制定茶艺馆服务规范	（1）茶艺馆服务流程及服务规范	1）茶艺馆的服务流程 ①准备工作 ②接待工作 ③检查工作	（1）方法：讲授法、案例教学法 （2）重点：茶艺馆的服务流程 （3）难点：茶艺馆的服务规范	2
					2）茶艺馆服务规范 ①茶艺馆各岗位职责 ②服务要求 ③安全要求		
		3-1-2　能指导低级别茶艺服务人员	指导低级别茶艺服务人员	（2）对低级别茶艺服务人员的指导	1）根据不同情况进行指导	（1）方法：讲授法、讨论法 （2）重点与难点：根据不同情况进行指导	1
					2）根据专业水平进行指导		
					3）组织考核		

续表

2.1.5 二级 / 技师职业技能培训要求				2.2.5 二级 / 技师职业技能培训课程规范			
职业功能模块（模块）	培训内容（课程）	技能目标	培训细目	学习单元	课程内容	培训建议	课堂学时
3. 业务管理（茶事管理）	3-1 服务管理	3-1-3 能对茶艺师的服务工作进行检查指导	对茶艺师的服务进行检查指导	（3）检查指导茶艺师的服务工作	1）制度执行情况检查 2）工作流程检查 3）工作现场检查 4）安全检查	（1）方法：讲授法、讨论法 （2）重点与难点：对茶艺师服务工作检查指导的内容	1
		3-1-4 能制定茶艺馆服务管理方案并组织实施	（1）制定服务管理方案 （2）实施茶艺馆服务管理方案	（4）茶艺馆服务管理方案	1）制定茶艺馆服务管理方案 ①服务的程序化 ②服务的标准化 ③服务的技巧化 ④服务质量管理 2）茶艺馆服务管理方案的实施	（1）方法：讲授法、案例教学法 （2）重点与难点：制定茶艺馆服务管理方案	1
		3-1-5 能提出并策划茶艺演示活动的可实施方案	制定茶艺馆茶艺活动方案	（5）策划活动方案	1）茶艺活动方案的概念、特点 2）茶艺活动方案的编写 ①茶艺馆庆典服务方案 ②茶艺馆促销活动方案 ③茶艺馆表演活动方案	（1）方法：讲授法、案例教学法 （2）重点与难点：茶艺活动方案的编写	1
		3-1-6 能对茶艺馆的茶叶、茶具进行质量检查	（1）对茶叶质量进行检查 （2）对茶具质量进行检查	（6）对茶叶、茶具的质量检查	1）对茶艺馆茶叶的质量检查 ①茶叶的含水量 ②茶叶的色泽辨别 2）对茶艺馆茶具的质量检查 ①茶具有无破损 ②茶具的清洁 ③有无消毒柜 3）检查的流程 ①茶叶的检查 ②茶具的检查	（1）方法：讲授法 （2）重点与难点：茶叶、茶具质量检查的标准	2

续表

2.1.5 二级 / 技师职业技能培训要求				2.2.5 二级 / 技师职业技能培训课程规范			
职业功能模块（模块）	培训内容（课程）	技能目标	培训细目	学习单元	课程内容	培训建议	课堂学时
3. 业务管理（茶事管理）	3-1 服务管理	3-1-7 能对茶艺馆的安全进行检查与改进	（1）对茶艺馆的安全进行检查 （2）对茶艺馆的安全问题进行改进	（7）对茶艺馆安全的检查	1）对茶艺馆安全的检查 ①茶叶与茶具的安全检查 ②设施的安全检查 ③场所的安全检查 2）对安全问题进行改进	（1）方法：讲授法 （2）重点与难点：对茶艺馆安全进行检查	2
		3-1-8 能处理宾客投诉	处理宾客的投诉	（8）宾客投诉的处理	1）处理投诉原则 2）处理投诉程序 3）处理投诉技巧	（1）方法：讲授法、案例教学法 （2）重点与难点：处理宾客投诉的技巧	2
	3-2 茶艺培训	3-2-1 能制订并实施茶艺培训计划	（1）制订茶艺培训计划 （2）实施茶艺培训计划	（1）茶艺培训计划的编写与实施	1）茶艺培训计划的编写 ①培训类型 ②培训对象 ③培训内容 ④费用预算 2）茶艺培训计划的实施	（1）方法：讲授法、讨论法 （2）重点：茶艺培训计划的实施 （3）难点：茶艺培训计划的编写	2
		3-2-2 能组织茶艺人员进行培训教学工作	（1）组织茶艺人员培训工作 （2）掌握茶艺培训组织技巧	（2）茶艺人员的培训	1）培训组织流程 ①培训前准备 ②培训过程控制 ③培训评估 2）培训组织技巧 ①岗前培训 ②在职人员的培训	（1）方法：讲授法、讨论法 （2）重点与难点：茶艺培训的组织技巧	2
		3-2-3 能组建茶艺演示队伍	组建茶艺演示队伍	（3）茶艺演示队伍的组建	组建演示队伍 ①性质 ②规模 ③人数 ④发展方向 ⑤组织领导	（1）方法：讲授法 （2）重点与难点：茶艺演示队伍的组建	2
		3-2-4 能训练茶艺演示队伍	训练茶艺演示队伍	（4）茶艺演示队伍的训练	训练演示队伍 ①训练方法 ②训练效果评估 ③管理制度	（1）方法：讲授法、实训（练习）法 （2）重点、难点：茶艺演示队伍的训练方法	2
课堂学时合计							70

附录 6　一级 / 高级技师职业技能培训要求与课程规范对照表

2.1.6　一级 / 高级技师职业技能培训要求				2.2.6　一级 / 高级技师职业技能培训课程规范			
职业功能模块（模块）	培训内容（课程）	技能目标	培训细目	学习单元	课程内容	培训建议	课堂学时
1. 茶饮服务	1-1　品评服务	1-1-1　能根据宾客需求提供不同茶饮	（1）根据宾客需求提供传统茶饮与现代茶饮 （2）根据宾客需求提供清饮与调饮 （3）根据宾客需求提供民族茶饮与民俗茶饮	（1）茶饮的特点	不同类型茶饮基本知识 ①传统茶饮与现代茶饮 ②清饮与调饮 ③民族茶饮与民俗茶饮	（1）方法：讲授法 （2）重点与难点：根据需求提供不同茶饮	2
		1-1-2　能对传统茶饮进行创新和设计	（1）了解传统茶饮的创新原则 （2）传统茶饮创新设计	（2）茶饮的创新和设计	1）茶饮创新基本原理 ①对传统茶饮的创新 ②调饮的创新（不同主题、不同技艺、不同物料） ③清饮的创新（不同年份、不同种类、不同技艺、不同主题） 2）茶饮创新设计	（1）方法：讲授法 （2）重点与难点：茶饮创新的原理	2
		1-1-3　能审评茶叶的质量优次和等级	综合运用茶叶审评知识	（3）茶叶的审评	茶叶质量和等级审评 ①五项因子、八项因子等茶叶品质鉴定方法的综合运用 ②运用八项因子进行茶叶品质审评结果评判	（1）方法：讲授法 （2）重点与难点：茶叶品质审评方法	2
	1-2　茶健康服务	1-2-1　能根据宾客需求向宾客介绍茶健康知识	掌握茶健康基础知识	（1）茶健康知识	1）六大茶类的保健功能 2）六大茶类保健功能运用	（1）方法：讲授法 （2）重点与难点：六大茶类保健功能的运用	1

续表

2.1.6 一级 / 高级技师职业技能培训要求				2.2.6 一级 / 高级技师职业技能培训课程规范			
职业功能模块（模块）	培训内容（课程）	技能目标	培训细目	学习单元	课程内容	培训建议	课堂学时
1. 茶饮服务	1–2 茶健康服务	1–2–2 能配置适合宾客健康状况的茶饮	掌握保健茶饮的配置方法	（2）保健茶饮	1）保健茶饮配置原则	（1）方法：讲授法 （2）重点与难点：保健茶饮配置原则	1
					2）常见保健茶饮配置参考方案		
		1–2–3 能根据宾客健康状况，提出茶预防、养生、调理的建议	熟悉并运用茶预防、养生、调理基本知识	（3）茶养生知识	1）根据宾客健康状况，运用茶的各项保健功能提出预防疾病建议	（1）方法：讲授法 （2）重点与难点：茶在预防、养生、调理身体上的运用	2
					2）运用四季饮茶规律与茶的养生功效提出日常养生方案		
					3）能利用茶叶功效配置茶食茶点、茶保健品，利用茶叶功效配置茶食、茶点、茶保健品并提出调理方案		
					4）常见茶预防、养生、调理参考建议		
2. 茶事创作	2–1 茶艺编创	2–1–1 能根据需要编创不同类型、不同主题的茶艺演示	茶艺演示的编创	（1）茶艺编创相关知识	1）茶艺演示编创基本原理	（1）方法：讲授法、案例教学法 （2）重点与难点：茶艺编创原理	4
					2）茶艺编创历史依据		
					3）茶艺编创的民俗依据		
					4）茶艺编创的传统与创新		

续表

2.1.6 一级 / 高级技师职业技能培训要求				2.2.6 一级 / 高级技师职业技能培训课程规范			
职业功能模块（模块）	培训内容（课程）	技能目标	培训细目	学习单元	课程内容	培训建议	课堂学时
2. 茶事创作	2-1 茶艺编创	2-1-2 能根据茶叶营销需要编创茶艺演示	掌握不同类型茶叶营销活动与茶艺演示结合的原则	（2）根据茶叶营销需要进行茶艺编创	结合营销目标进行茶艺演示主题编创	（1）方法：讲授法、案例教学法 （2）重点与难点：茶艺演示与营销活动的结合	4
		2-1-3 能根据茶艺演示的需要进行舞台美学及服饰搭配	掌握运用并茶艺美学知识	（3）美学知识的运用	1）茶艺美学 2）服饰美学 3）书画运用 4）场景美学	（1）方法：讲授法、案例教学法 （2）重点与难点：美学知识的运用	4
		2-1-4 能用文字阐释所编创茶艺的文化内涵，并能进行解说	（1）茶艺编创写作 （2）茶艺解说	（4）解说词的编写	1）茶艺编创写作 ①茶艺文化内涵阐述 ②茶艺编创写作格式与内容 2）茶艺解说 ①茶艺解说编写格式与内容 ②茶艺演示程序与解说的配合	（1）方法：讲授法、案例教学法 （2）重点：解说词的编写 （3）难点：对茶文化内涵的了解	4
	2-2 茶会创新	2-2-1 能策划、设计不同类型的茶会	掌握茶会的不同类型与创意设计	（1）茶会的创意设计	茶会的不同类型与创意设计 ①茶会的类型 ②茶会的创意设计	（1）方法：讲授法 （2）重点与难点：不同类型茶会的特点	4

续表

2.1.6 一级 / 高级技师职业技能培训要求				2.2.6 一级 / 高级技师职业技能培训课程规范			
职业功能模块（模块）	培训内容（课程）	技能目标	培训细目	学习单元	课程内容	培训建议	课堂学时
2. 茶事创作	2–2 茶会创新	2–2–2 能组织各种大型茶会	（1）进行大型茶会的创意设计 （2）组织大型茶会	（2）大型茶会的组织	1）大型茶会创意设计的原则 ①多样性 ②区域性、国际性 ③多种文化共融性 2）大型茶会的组织与执行 ①茶会准备 ②人员培训与分工 ③物品准备 ④现场布置 ⑤程序设定 ⑥茶会主持 ⑦茶会摄影 ⑧媒体宣传	（1）方法：讲授法、案例教学法 （2）重点与难点：大型茶会的组织与执行	6
		2–2–3 能组织各国不同风格的茶会	组织各国不同风格的茶会	（3）各国茶会的组织与介绍	各国不同风格茶会的组织与介绍 ①韩国茶会 ②英国下午茶茶会 ③日本茶会	（1）方法：讲授法 （2）重点与难点：各国不同风格茶会的特点	4
		2–2–4 能根据宾客需求介绍各国茶会的特色与内涵	介绍各国茶会的特色与内涵				
3. 业务管理（茶事管理）	3–1 经营管理	3–1–1 能制订并实施茶艺馆经营管理计划	（1）制订茶艺馆经营管理计划 （2）实施茶艺馆经营管理计划	（1）茶艺馆经营管理	1）制订茶艺馆的经营管理计划 ①茶艺馆的经营特点 ②茶艺馆企业文化建设 ③茶艺馆的业务计划 ④茶艺馆经营日常工作内容 2）茶艺馆经营管理计划的实施	（1）方法：讲授法、案例教学法 （2）重点与难点：制订茶艺馆的经营管理计划	2

续表

2.1.6 一级 / 高级技师职业技能培训要求				2.2.6 一级 / 高级技师职业技能培训课程规范			
职业功能模块（模块）	培训内容（课程）	技能目标	培训细目	学习单元	课程内容	培训建议	课堂学时
3. 业务管理（茶事管理）	3-1 经营管理	3-1-2 能制订并落实茶艺馆营销计划	（1）制订茶艺馆营销计划 （2）了解茶艺馆营销的基本法则	（2）茶艺馆的营销计划	1）茶艺馆营销的基本法则 2）茶艺馆营销计划制订方法 3）茶艺馆营销计划落实的注意事项	（1）方法：讲授法、案例教学法 （2）重点与难点：茶艺馆营销计划制订方法	1
		3-1-3 能进行成本核算，对茶饮与商品进行定价	（1）了解茶艺馆成本核算的方法 （2）对茶饮与商品进行定价	（3）茶艺馆的成本核算	1）成本核算相关知识 2）茶饮的定价 3）商品的定价	（1）方法：讲授法、案例教学法 （2）重点与难点：成本核算相关知识	1
		3-1-4 能拓展茶艺馆茶点、茶宴业务	（1）掌握茶点知识 （2）掌握茶宴知识	（4）茶艺馆的相关业务	1）茶点的相关知识 ①茶点的品种 ②茶点的搭配 2）茶宴的相关知识 ①茶宴的种类 ②茶宴的形式	（1）方法：讲授法 （2）重点与难点：茶宴相关知识	2
		3-1-5 能创意策划茶艺馆的文创产品	创意策划茶艺馆文创产品	（5）茶艺馆的文创产品	1）茶艺馆文创产品的概念 2）茶艺馆文创产品的类型 3）茶艺馆文创产品的开发应用	（1）方法：讲授法、案例教学法 （2）重点与难点：茶艺馆文创产品的开发	2
		3-1-6 能策划与茶艺馆衔接的其他茶事活动	策划茶文化旅游相关茶事活动	（6）茶艺馆的相关茶事活动	1）茶文化旅游的基本知识 ①茶与游 ②茶与购 ③茶与娱乐 ④茶与饮食 2）茶事活动策划 ①活动目的 ②活动主题 ③组织机构 ④活动对象 ⑤活动安排 ⑥活动准备 ⑦活动流程 ⑧经费预算 ⑨注意事项	（1）方法：讲授法、案例教学法 （2）重点与难点：茶事活动的策划	2

续表

2.1.6 一级 / 高级技师职业技能培训要求				2.2.6 一级 / 高级技师职业技能培训课程规范			
职业功能模块（模块）	培训内容（课程）	技能目标	培训细目	学习单元	课程内容	培训建议	课堂学时
3. 业务管理（茶事管理）	3-2 人员培训	3-2-1 能完成茶艺培训工作并编写培训讲义	（1）完成茶艺培训工作 （2）编写培训讲义	（1）茶艺培训	1）茶艺培训工作概述 2）编写培训讲义 ①培训讲义概述 ②培训讲义编写原则 ③培训讲义编写程序	（1）方法：讲授法 （2）重点与难点：茶艺培训讲义的编写	2
		3-2-2 能对技师进行指导	指导技师的工作	（2）对技师的指导	1）技师指导的主要内容 ①综合能力的提升 ②管理意识的提升 2）编写技师指导方案	（1）方法：讲授法、案例教学法 （2）重点与难点：对技师的指导方案	2
		3-2-3 能策划组织茶艺馆全员培训	茶艺馆全员培训	（3）茶艺馆全员的培训	1）全员培训的策划 ①不同层面的培训 ②单一店面的培训 ③连锁店面的培训 ④综合茶艺馆线上、线下的培训 2）全员培训的组织	（1）方法：讲授法、案例教学法 （2）重点与难点：全员培训的策划	2
		3-2-4 能撰写茶艺馆培训情况分析与总结报告	（1）撰写茶艺馆培训情况分析 （2）撰写茶艺馆培训总结	（4）茶艺馆培训总结	1）茶艺馆培训情况分析 ①培训现状描述 ②培训经验与不足 2）茶艺馆培训情况总结 ①培训评估 ②培训改善建议	（1）方法：讲授法、案例教学法 （2）重点与难点：培训情况的总结	2

续表

2.1.6 一级 / 高级技师职业技能培训要求				2.2.6 一级 / 高级技师职业技能培训课程规范			
职业功能模块（模块）	培训内容（课程）	技能目标	培训细目	学习单元	课程内容	培训建议	课堂学时
3. 业务管理（茶事管理）	3-2 人员培训	3-2-5 能撰写茶业调研报告与专题论文	（1）撰写茶业调研报告 （2）撰写专题论文	（5）茶业调研报告、论文的撰写	1）茶业调研报告的撰写 ①确定调研方向和目的 ②确定调研对象、范围、时间 ③制订调研提纲和调研计划 ④调研报告写作要求 2）专题论文的撰写 ①确定选题 ②收集文献和资料 ③分析整理、撰写初稿 ④论文写作格式 ⑤注意事项	（1）方法：讲授法、案例教学法 （2）重点与难点：专题论文的撰写	2
课堂学时合计							60